U0568398

生活需要分寸感

考薇——著

文匯出版社

图书在版编目（CIP）数据

生活需要分寸感 / 考薇著 . — 上海 : 文汇出版社，2019.7

ISBN 978-7-5496-2919-0

Ⅰ . ①生… Ⅱ . ①考… Ⅲ . ①成功心理 – 通俗读物 Ⅳ . ① B848.4-49

中国版本图书馆 CIP 数据核字（2019）第 119089 号

生活需要分寸感

著　　者 / 考　薇
责任编辑 / 戴　铮
装帧设计 / 末末美书

出版发行 / 文汇出版社
上海市威海路 755 号
（邮政编码：200041）
经　　销 / 全国新华书店
印　　制 / 三河市龙林印务有限公司
版　　次 / 2019 年 7 月第 1 版
印　　次 / 2019 年 7 月第 1 次印刷
开　　本 / 880×1230　1/32
字　　数 / 148 千字
印　　张 / 7.5

书　　号 / ISBN 978-7-5496-2919-0
定　　价 / 36.00 元

前　言

何谓分寸感？

从浅了来说，分寸感就是距离。

孔子的学生子游有一句至理名言：“事君数，斯辱矣；朋友数，斯疏矣。”在这里，决定“辱”与“疏”的关键就是与人交往的距离。

从深了来说，分寸感就是“度”与“道”的结合。

整体而言，无论对他人还是对自己，无论对社会还是对整个世界，不做过分的事情也就是没有道理的事情，就是把握好了分寸感。

这是一个难题，也是一个自我塑造的过程。

把握好了分寸感，就可以无声无息地在生活、工作、婚恋、家庭、人际交往等各个方面胜人一筹。

《生活需要分寸感》是我独立完成的第四部作品，前后历时很长，其间也经历了不少的波折。

最初执笔撰写此书时，我给自己定了一个目标：每年至少出两本书，至少写一个剧本，至少写十二篇短篇小说。

可是，现实并不是这样。

当完成本书之后，我已经把上述目标一条一条地抹掉了。这并非是我失去了奋斗的锐气和勇气，而是在撰写的过程中逐步成熟，从而把握住了自己的能力与内心。

知道自己想要什么，以及自己真正适合做什么，就能在与人、与物、与自己、与生活的接触中找到“度”与“道”，找到幸福与安宁。

这就是分寸感的力量，这就是物化的生命本来的尺度，这就是灵魂终需的平衡与和谐。所以，本书会告诉你，用一颗有分寸的心去观照世界，你就会成为一个幸福的人。

余生里，我们都成为一个有分寸感的人，幸福地活着。

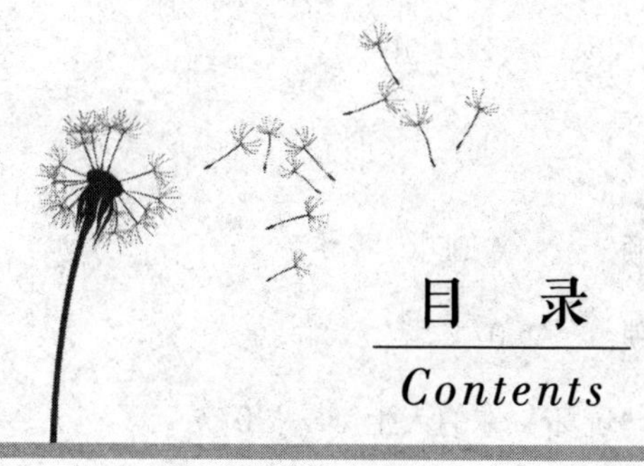

目 录

Contents

第三章　对伴侣的分寸感

第四章 对朋友和同事的分寸感

第五章 对这个世界的分寸感

第一章 对自己的分寸感

如何掌握批评与表扬的比例，是我们人生中掌握分寸感的一门必修课。

你是个什么“东西”

中国人吵架有一句常用语：“你是个什么东西？”这话乍一听很粗俗，细想想却颇有深意。我们虽然很难用“东西”的属性来衡量一个活生生的人，但如果抛开死板的定义，其实每个人都应该问问自己：我到底是个什么“东西”？

一、好东西 VS 坏东西

我有一位同学 L 几乎没什么大的缺点，相反，由于做人大方，她的人际关系很不错。

有一天，我们俩一起去一家半自助式水果店买苹果，店里的苹果根据价格分成几个级别，购买者可以自选装袋，然后结账时跟老板说一下自选的苹果是哪个价位的即可。

L 在最高档的摊位挑了几个苹果，印象中应该是一斤 7

元左右，但称重的时候她对水果店老板说："5元的。"

水果店老板诧异地看了L一眼，打开袋子瞅了瞅，说："不是这个价格的吧？"

"就是5元的，我在那里拿的。"L指着那个摊位说。

店老板显然对自家水果的成色非常了解，他拿起其中一个苹果仔细看了看，说："不对，这应该是7元的。"

这一幕让我感到非常吃惊，因为这是我第一次看到L"睁着眼睛说瞎话"。谁知，她一把把我拉过来，对水果店老板说："她看见我拿的5元的，不信你问她。"

瞬间，大家的目光都集中到了我身上，我感觉自己的脸一下就红了。一边是我的同学，等着我鼎力支持她；另一边是天地良心，我确实看到她是从7元摊位里挑的苹果。我想了一下，只能支支吾吾地说："我也没有注意啊。"最后，苹果以一斤7元的价格成交了。

回去的时候，L一路上都没有给我好脸色，最后她还对我说："想不到你是这么一个不仗义的人！"

我突然被这句话给点醒了，意识到以后不能再跟L做朋友了。无论平时她对我有多好，无论平时她笑眯眯的有多可爱，但都不能改变一个事实——她所表现出来的形象，不是我心目中一个道德品质良好的人该有的样子。

细想一下，这是一件特别有意思的事：在L的眼中，我不替她说谎就是“不好”，因为我们是朋友，她却全然没想过自己的行为是不是“好”的。如果自己的行为不好，那么，当我反对她的时候，我的行为才是真正的好。

这虽然是一件小事，却深深地触动了我。

“我到底是不是一个好人？”这个问题可能很少有人自问过。实际上，这是我们衡量自我、把握人生发展分寸的第一大问题。

大多数情况下，出于对自我的袒护，我们都觉得自己的价值观才是对的，一旦与别人的想法相抵触，那肯定觉得是别人错了——要么会想方设法地去纠正对方，要么会自我感觉委屈。

在这种自我袒护心理的作用下，我们往往步入歧途却不自知，最终变成一个并不那么“好”的人。

当局者迷，旁观者清。在人生路上，正是因为我们对自己过于关爱，所以可能会用扭曲的价值观来衡量自己的行为，并将一切对自己不利的观念和行为都评价为“不好”的事情。

这种衡量方法非常可怕，它会导致我们变成一个“坏东西”，并让我们失去善良、正直、优秀的朋友，最终走进死胡同。所以，疼爱自己要有分寸，你一定要知道自己是不是“好东西”——如果不是，别的都无从谈起。

二、有用的东西 VS 没用的东西

肖笑最近挺郁闷的，最近单位有一个活动需要五人赴外地参加，肖笑在七人的小组团队中一直是最受欢迎的，但这次无记名投票结束后，她却没有被选中。

“怎么会这样？肯定有人在背后捣鬼。”肖笑恨恨地说，“平时在单位，哪次季度的民意测评我不是第一？这次我的票数居然排最末，肯定是有人妒忌我在单位的地位，故意使了绊子。”

大家替肖笑感到挺惋惜的，但也都知道真实的原因并不像她想的那样，因为投票过程公平公正，而她没有被选中绝对是民意所在。

肖笑虽然脾气好、人缘好，却是办公室里最“没用”的一个人。她做事不牢靠，腿脚又不够勤快，尤其是学习能力比较差——同样的新工作方法，别人都已经熟悉并掌握了，她还停留在“啊，这是什么”的阶段。

以前，搞民意测评时肖笑的得票数高，那是因为她讨人喜欢——大家觉得她笨是笨了点，但人品好，就都选了她。

但是，这一次不同——活动结束后，参与者要集体完成一个项目，在这种情况下，人人都不想被拖后腿，肖笑自然就不会成为被选中的对象了。

这件事说白了就是：肖笑是个好人，但对于团队来说是一个“没用”的人。这样的人，平时大家都喜欢，但到了关键时候就会被放弃。

小说《白马啸西风》里有一句话说：“那都是很好很好的，可我偏偏都不喜欢。”小时候，我会觉得这样说话很矫情，可是长大后发现，这是一句非常真切而深刻的话。因为，并不是一切好东西都是我们想要的。

上高中时，当地有一家服装店打折，所有粉色系服装全都 3 折出售。因为觉得款式新、质量好，我用压岁钱一口气买了好几件回来，内心得到了极大的满足。

后来呢？我发现自己穿粉色衣服并不好看，所以那些衣服几乎没有穿过，有的连标签都没有撕掉就压在了箱底。所以说，衣服都是好的，但不是我想要的对我就没用。而我们自己，对于他人，对于社会，在做一个好人的同时，是不是也想去做一个有用的人呢？

我们身边总有一些人，做人做事都很和气，但在关键时候不能发挥作用。在机关单位里，这样的人尤其多，没事的时候你会觉得他特别好，但是真有重大任务交代下来，他们却只能手足无措地站在那里，不知做什么才好。

这类人突破了“好东西”与“坏东西”这一级别，却跌倒在自我衡量的第二步上。

如今，当我们想正确对待自己的时候，一定要扪心自问：虽然我在努力做一个好人，但我是一个有用的人吗？如果是，那太好了，你要继续发挥应有的作用，争取越来越优秀。但如果不是，那你是不是应该反思一下自己，过去自己都做了什么？未来又能做什么？

三、“东西”要看摆在什么位置上

大铭总觉得自己无论做什么事都很厉害，但就是找不到适合自己的位置。

记得刚进公司的时候，大铭被分配做后勤工作，技术含量不高，但对年轻人的协调、沟通等各方面能力来说是一种考验。

但大铭对此不满意，他觉得自己被放错了位置，目前的工作完全配不上他远大的理想和高超的能力。他这样说：“以我的能力，做这样的岗位实在是大材小用——如果换个岗位，我一定能做得更好。给你们举个例子，每个人都像植物，在适合的环境里才能生长。我这个人的性格和天赋本来就不适合做后勤服务之类的事，能做好才怪呢！”

领导也慎重考虑了大铭的个人诉求，问他到底想换什么岗位，如果意向合适，可在一定范围内调换。大铭早就看好一个岗位，说：“我觉得撰写公文很不错。我很了解国家政策，平时也在加强公文学习，能成为一个好的笔杆子。”

怀着“不能打击同志们工作积极性”的心态，领导将大铭安排到了企业文化宣传的岗位上来。可是，刚写了几天公文，他的问题就出现了——不仅打字速度慢，而且逻辑不通，病句也多。

在这种情况下，大铭再一次提出了自己的宏伟目标：“写公文其实并不是我真正想干的，我做这事是想全面了解公司的情况，而我真正的目标是想做好人事工作。人事工作不简单，需要综合技能，我恰好具备这方面的技能。”

领导估计是想展示大铭这么一个反面典型，于是痛快地将他调换到人事部门。

一个月的报表做下来，大铭这才意识到：原来人事部并不是光有权，还有很多表格要做，连绩效和考勤也要做。等快到月底考评的时候，报表还没有做完，大铭急得团团转。还好人事部总监有先见之明，早就已经做好了一份报表送上去，没让公司等着大铭的那点“工作成绩”。

最终，大铭被辞退了。所以说，对年轻人而言，在成长的路上，没有人会耐心地等着你一再试错。

其实，大铭并非没有能力，比如他的沟通能力很好，非常适合做业务拓展性工作，如果去业务部锻炼一下，今天他肯定能小有成就。但他偏不，一定要在不适合的岗位上再三挣扎，最后就成了一个无用之人，退回到自己是一个什么“东西”的最初层级。

大多数情况下，我们都会高估或低估自己，且高估要比低估容易得多。

每个人都有自己的位置，这甚至可能比“功能”更能决定自己的命运。一块美丽的玉器放在壁龛里，那绝对是一道亮丽的风景，会引来无数人的赞叹。但如果将其扔在臭水沟里，不仅得不到欣赏，还会被嫌弃。

综上所述，我们要想做一个对万事万物有分寸的人，首先要对自己有分寸，知道自己是个什么“东西”。

我们要摒弃对自我的偏爱，知道自己是不是“好东西”；还要结合自身的努力，成为一个有用的“东西”。最后再审时度势，把自己的力量发挥在最恰当的地方，成为一个摆在合适位置的、好的、有用的“东西”。

世间所有的事和物都逃不过一个框架，而这个框架就是“东西”。所以，我们必须深入了解它。

自我核心价值的正确打开方式

错误地估计自己，放弃自己最核心的价值，人生会从此步入歧途，无法回头。

一、赵楠的故事：领导需要什么？

赵楠升职成了公司领导的首席秘书，大家都说是因为她家祖坟上冒了青烟。

赵楠的个人条件其实很一般，虽然她会写公文，但算不上才高八斗；能喝几杯酒，但绝不是千杯不醉；很有眼力见儿，腿脚也勤快，但像她这样的人在公司里一抓一大把。

总之，赵楠觉得自己很幸运，大家也都这么觉得。有人还劝她："这么好的机会一定要好好把握，要更努力才行。"

"怎么努力呢？"她问。

"我看啊，工作能力方面你可以不用再努力了，但是，外在形象上还可以提升一些。"

对此，赵楠也有些自惭形秽。说心里话，她虽然长得不丑，但也算不上出色，而且她从来不化妆，素面朝天中总透露着一种"乡土"气。

这些意见，赵楠都听到了心里，也决心从里到外全面改变自己，让自己成为一名优秀的秘书。她开始买高档化妆品并学习化妆，试穿妖娆的衣服，高跟鞋也蹬起来了，完全忽视了磨破脚丫子的痛苦。

通过外在的提升，赵楠整个人脱胎换骨，女人味都展现了出来，但举手投足之间却带着一股子妩媚劲。

没多久，赵楠就被调岗了。

那是在公司一次大面积的人事调动中，赵楠被调离了首席秘书岗位，之后她到了一个不那么容易抛头露面的岗位。她十分不解："我到底做错了什么？"

过了很久赵楠才明白，当初领导之所以叫她当首席秘书，看中的就是她的淳朴以及没有"杀伤力"的外表。

领导非常注重打造自己的形象，他觉得像赵楠这样普通的秘书，没人会怀疑她和自己的关系，也能够给自己塑造一种“用人唯才”的光辉形象。但是，赵楠硬是把自己打扮成了一个都市时尚女郎，与领导的初衷相差甚远。可以说，赵楠最终失去了自己最独特也是最大的优势，自然也就没有立足之地了。

想通这一点之后，赵楠追悔莫及。

二、苗苗的故事：爱人想要什么？

午夜时分，苗苗的脑海里再次浮现出跟大伟分手的场景，眼泪止不住地流下来。她把被子拉到头上捂住脸痛哭，她无论如何也想不明白：这么多年真挚的感情，怎么就这样轻易分手了呢？

苗苗和大伟是大学同学，恋爱已有五年，她一直认为自己找到了最理想的男人：高智商，高学历，工作努力，有家庭责任感。她也是个贤惠的女人，平时最大的“爱好”就是洗衣做饭，把爱巢收拾得一尘不染。可以说，他们过的是男主外、女主内的传统家庭生活。

直到遇到高中同学李姿后，苗苗的思想才发生了改变。彼时，李姿刚刚离婚，没有了老公给她生活费，她不得不重新工作，所以整天满腹怨言。

初到苗苗家，李姿看到她系着围裙做家务，惊讶地说：“天啊！这都什么年代了你还这样过日子，不怕被甩了吗？”

“被甩，怎么可能？”苗苗从来没有想过这事。

“当然有可能，尤其像你这样的，最有可能！”李姿一屁股坐进沙发里，从口袋里掏出一支烟，接着说，“你老公事业有成，是多少女人仰慕的对象。而你呢，只会窝在家里做家务，出去工作和应酬样样都不行。时间一长，男人自然感觉你配不上他，因为他想要一个在职场上能配合他的女人。等他回家再看你，鼻子不是鼻子，眼睛不是眼睛，处处挑你的毛病，最后提出离婚时就有你哭的了！”

苗苗拿着抹布愣在原地，之前看过的小说和电视剧里的相关情节全都涌进了脑海。她点点头说：“是啊，虽然大伟口口声声说就喜欢我小鸟依人的样子，但是他在外面接触了优秀的女性还会把我放在眼里吗？不行，我得努力。”

李姿的来访成为一个导火索，从那天开始，苗苗丢下学了一半的烹饪书，开始研究怎么做一个成功的职场女性，并付诸行动。

像苗苗这样长期没出去工作的女人，最容易钻入微商的行业，朋友圈里那些“喜提宝马”的广告说得她非常动心，于是她开始代理一款300元左右的面膜。销售方法其实非常简单：只要按照上线提供的模板，每天定期发朋友圈就行了。

由于大伟积累了一些人脉，所以，苗苗的朋友圈里也有一些富太太，于是她们都成了苗苗的目标客户。慢慢地，她的业绩上来了，自己也找到了成功的感觉。

但是，苗苗代理的商品质量是一个硬伤。没过多久，大伟就对苗苗说："有同事跟我反映，说你卖假面膜给他的老婆，这对我的事业有一定的影响，而且咱们家也不缺你卖面膜挣的这点钱。"

苗苗的心一下子就怯了。因为这款面膜贵，进货之后她很少自己用，偶尔用一次就觉得皮肤刺痛得厉害。她曾找上线反映情况，上线却说："刺痛就对了，因为你的皮肤极度缺水，所以补水元素一下子就深入了皮肤的细胞里，皮肤自然就会刺痛。"

对于这样的解释，苗苗多少是持怀疑态度的。后来才发现，这款面膜是"三无"产品。

苗苗把余下的面膜都丢了。看着她失落的眼神，大伟安慰道："其实你不用这样努力挣钱，就在家做家务不好吗？"

"不好！你事业有成，我只会做家务，我配不上你。"

"胡说，我喜欢的就是你的贤惠和温柔。"

苗苗听后心里一暖，但不以为然。因为，成为一个配得上大伟的人，是她现在最大的目标。

放弃微商之后，苗苗又进了一家保险公司。这是一家大公司，好处是平时不用坐班，只要能够卖出保险就行了，所以苗苗感觉这份工作非常适合自己。

这一次，苗苗决心一定要干出个名堂来，她认真学习保险条款，了解了各种重大疾病投保的基本常识，也掌握了推销技巧。以前，她觉得卖保险再简单不过了，这一次才发现自己要学的知识太多了，要做的事情也太多了。

不知不觉地，苗苗就钻进了卖保险这一行。不久，大伟发现回到家没有热乎饭吃了，因为他回家后苗苗往往还没到家；家里也不再整洁了，几天前的垃圾还躺在厨房里；阳台上很多漂亮的花卉也都干死了，那些需要精细照料的植物稍微不用心就会死掉；衣服也不再熨得平整、带着淡香了……

更让大伟难过的是，现在他带着一身疲惫回家，再也看不到妻子甜蜜的笑脸，也得不到她温暖的拥抱了。

大伟跟苗苗认真地谈了一下，希望她放弃现在这份并不重要的工作，重回家庭，并再次向她表示："我真的喜欢原来的你，喜欢照顾家庭、做我坚强后盾的你。"

苗苗也动摇了，并询问了一下李姿。李姿一拍桌子，说："别听你老公胡说，他就是想把你拴在家里！"

苗苗也问了要好的同事，同事说："你老公怎么那么大男子主义啊？凭什么不让女人去发展自己的事业啊？你跟他吵，争取自己的权益！"

无形之中，苗苗受到了这些人的影响，并一步步朝着另外的方向发展。

苗苗拒绝了大伟的要求，并开始跟他争吵，家务事更是一点也不做，她觉得"成功女性"就该这样。尤其是当大伟提出"咱们应该要个孩子，不过你先把工作放一放"的时候，她更是寸步不让，声明自己要发展事业，家庭是第二位的。

这一年闹下来，苗苗觉得自己确实争取到了权益，至少大伟已经不再管她了，但她没有一点幸福感了。回到家，她只有满身的疲惫、老公的冷脸以及近似于猪窝的房间。

离婚是大伟在春节前提出来的，他说，希望来年大家都有个新的开始。

大伟把家产都留给了苗苗，可能他知道苗苗不是一块做生意的料，而离开他之后，她的生活会变得不易。当时，苗苗就懵了——她不懂大伟为什么要离婚，这么多年的感情岂是想离就离的？

"你愿意把工作辞掉，咱们重新开始吗？"大伟问。

"不行，我不能辞职。"

“那还是离婚吧。”

“为什么？”

“你已经不是你了。”

“胡说，我一直都是我。”

“但你已经不是我喜欢的你了。”

苗苗哭闹过，但没用。朋友们却说：“你可快点离婚吧，不能再回去当家庭主妇了！你现在有工作，他都要甩你——你要是一分钱都不挣，他就更不会要你了！”

苗苗也不知道脑子里哪根弦断了，就听信了这些话，匆忙地跟大伟离婚了。

故事如果只到这里，可能还不那么令人伤心。

后来，苗苗在保险行业里挣扎多年才发现，有些女人天生不适合做事业，她们永远无法成为女强人。恰在这时候，苗苗无意中得知大伟再婚了，对方是一个跟以前的她很像的女人——打扮得清清爽爽，贤惠，喜欢做家务。后来，他们生了孩子，日子过得很安稳。

也就在这时候，苗苗才恍然大悟，其实大伟爱的就是最初的自己，是自己一心要改变，结果亲手抹杀了自己最大的优势，摔碎了自己的婚姻。

这固然有他人吹耳边风的影响，但更是苗苗自己犯迷糊造成的后果。她错误地估计了自己，放弃了自己最核心的价值，后面的苦涩人生只能一个人去尝。

三、什么才是核心价值?

无论是赵楠还是苗苗，无论是事业还是爱情，她们的失败都可以归结于一点：错误地估计了自己的核心价值。那么，什么叫核心价值？它就是你最有特色的，也是别人最想要的能力。所以说，想要立足就要有能力，尤其是核心能力。

领导喜欢你的木讷，你非要装聪明；爱人喜欢你肉嘟嘟的样子，你非要减肥成骨感美女；朋友喜欢你侃侃而谈，你非要装深沉……在生活中，错误地估计自己，然后朝着自己不擅长、不受他人欢迎的方向发展，结果败得一塌糊涂，这样的事例比比皆是。

生活就像写小说，里面的人物都要有各种各样的特点，如果你把所有的特点都写出来，小说必然冗长不堪，没人会去看。如果你只写人物最有特色的部分，那就往往可以最大限度地塑造成功的形象，进而吸引读者。

一个人因为有突出的、异于他人的特点，所以才容易被他人记住。同样，在生活中，因为有突出的、异于他人的核心价值，你才容易受到他人的喜爱，更容易成功。

这就是把握自我性格的一种分寸，可惜很多人不懂，他们放弃了自己最宝贵的核心价值，舍本逐末，最终只得到惨淡的人生。

给自己设一个“观念钟”

有时候，选择一条与自己年龄不符的路，是在把自己逼上绝路。

一、永远长不大的李蓓

“今晚一起吃饭吧。”

“好啊好啊，都有谁？”

“就咱们几个老朋友呗，没有外人。”

“那李蓓也来吗？”

“呃……不能不叫她。”

“哦……”

大家都沉默了，过了一会儿，有人就找借口不去了——有的说今晚要陪孩子写作业，有的说婆婆有事叫她回家，还有的干脆就说：“得了，别聚了，最近大家工作都挺累的，好好休息一下吧。”

说白了，这些都是借口，大家取消聚会的真正原因只有一个：不想跟李蓓一起吃饭。

大家都不喜欢李蓓，这种感觉是随着年龄增长的。这并非因为李蓓越来越世故，而是她几乎不愿长大。

记得刚认识李蓓的时候，她就是一枚清新的小软妹，有一点幼稚也有一点可爱。虽然她比我大几岁，但萌萌的样子让我喜欢得不得了，更不用说有很多男孩追求她了。

但是，如今事情完全不对味儿了。记得去年五一放假大家一起去泰山玩，因为是徒步爬山，人人都感到很累，等到了十八盘的时候，大家都直呼“爬不动了”，但又不得不继续拼命地爬。

而李蓓呢？她干脆一屁股坐在台阶上，也不管是不是挡住了后面人的路，就抹起眼泪来了，边抹边说：“我真是太累了啊，脚疼了啊，爬不动了啊。呜呜……”

然后，她说什么都不肯站起来，行李也不肯背了。这一行人中，数她的背包最重，因为出发前她带了许多零食。

那个瞬间，我突然对这个曾经的“小软妹”涌起了非常强烈的反感——我被那一系列的“了啊”恶心到了——大家都是成年人，在这种情况下，你撒娇给谁看呢？

没办法，我们只能分担一下李蓓的行李，还得有人拉着她上山，她才一点一点地爬到了南天门。

到了南天门，清风一吹，李蓓的兴致又来了，让大家给她拍美照。她一个造型一个造型地摆过去，早就忘了刚才在山腰上跟大家哭诉时的样子了。更过分的是，由于山上人多，拍不出“大片”的效果，她居然要求一个男同事踩到一块非常危险的山石上替她拍照。

“算了吧，多危险啊。”我们都劝道。那个男同事显然也不愿意，一脸的尴尬。

“不嘛！人家要拍嘛！”李蓓开始撒起娇来。那个男同事只好过去拍了，幸好没出什么岔子。

在后来游玩的过程中，大家的脸色都好看不到哪里去。下山的时候坐缆车，我看着满山苍翠的风景，心想：李蓓怎么会变成这样呢？

不止于此，李蓓还经常半夜打电话找我们帮忙，比如说修电脑：“人家电脑坏了，真的没办法啦！打电话找专业人员来修，我一个人在家好害怕的啊！”

有时候，她一不小心把钥匙忘在公司了，干脆就背着包跑到朋友家来蹭住。但进门的时候不是愧疚，而是一脸的无辜，吐吐舌头，一副可爱的样子，然后就钻进她最中意的一个房间里。

聚餐的时候也一样。我们说起某事总是感慨万千，有聪明者出谋划策，有洒脱者豪饮一杯，有理性者宽慰一番，但李蓓只会睁大双眼，一脸的惊奇，说：“哎呀！居然是这样！你们不要讲了，人家才不信！啊呀呀……不要讲啦……”

她永远活在自己幼稚的世界里。

二、不懂得尊重年纪的李彬

其实，回想一下，李蓓并没有变，变的是时间，变的是我们。李蓓本质上不是个坏女孩，一开始做朋友的时候大家正年轻，就喜欢她这种天真的性格。有她在，朋友们尤其是男孩子找到了可以施展自我能力的空间，可以得到无数真挚的赞美。

像这样一个萌萌的女孩，没有人会不喜欢。但问题就出在：你可以幼稚，但不能一直幼稚。如今，我们都长大成熟了，你也得长大成熟——哪怕你还是那个天真的自己，也需要在时间的磨砺下做一些更符合年龄的事。比如说，一个三十几岁的女人皱紧了鼻子大呼“人家好怕”，肯定比不上十几岁时的那种效果了。

与李蓓相反，还有一个同事李彬，95后男孩，长得不算成熟，一张口却成熟得吓人。

刚进公司的时候，新人当然是默默地干活，没什么发言的余地，但李彬在公司转了一圈，就背着手语重心长地说：“我觉得，公司的管理存在一定的问题，就我多年的经验来看，如果不改革，未来的发展将会被很大程度地限制。”

我们都惊住了，以为是来了领导视察呢。他的几条建议都驴唇不对马嘴，像我这样简单的人容易被唬住也就罢了，老同事岂能放过他，于是逗他：“哦？你的这些经验都是从哪里学来的？”

“当然是多年学习积累的。大学四年我任职于学生会，也算是官场峥嵘过，颇懂得一些。”

“官场峥嵘？”我真是哭笑不得。这是何等的自信，可以把学生会的经历照搬到公司经营上？这又是何等的经历，可以让一个二十岁出头的男孩变得这么老气横秋？

同事聚餐，李彬更是展现了惊人的“成熟”。上桌之后，他立即对不会喝酒的我说：“我认为你还是需要喝一点酒，酒是交际的重要元素，不会喝酒的话，谁还会信任你、栽培你？来，给我个面子，喝一杯。”

我当即就惊呆了，这话连领导都没对我说过，而他居然脱口而出。

其间，同事们讲起工作和人事变动，李彬都要插嘴，语气也是一如既往地霸气：“凭我多年的经验，我认为……”真的，如果不看他那张脸，我们都以为是某位大领导屈尊到我们这么一个小酒桌上了呢。

实际上，这个男孩是真的成熟吗？也不尽然。

我观察了一下，入席时他一点也不推让，照着最舒服的位置一屁股就坐了下去。上菜之后，不管他人夹过没有，他永远是第一筷子把最好的菜夹走。还有饮料，他自己倒完后就往旁边一放，从不照顾一下身边的人。

我们看在眼里，都摇头不语。

其实，李彬也是一个挺不错的男孩，却非要伪装出一副与年纪和能力不符的成熟——这种成熟不仅不会博得大家对他的尊敬，反而会像看笑话一样看他，最终贬低了他原有的价值。所以说，选一条与自己年纪不符的路，是在把自己往绝路上逼。

很快，李彬就辞职不干了，不仅是因为得不到我们这些

“庸人”的赏识，更是自认为“依据我多年的经验，这样的公司没有前途”。

三、时间是一把量尺

时间是把杀猪刀，这是对容颜而论。实际上，就我们的心智来说，时间更像一把量尺，它决定了我们应该做什么，不应该做什么。

人生有其规律，虽然千变万化，但对于绝大多数人而言，万变不离其宗。所以，到了什么年纪就得做什么事情。

一来，什么年纪该做什么，这是自然规律，也是最容易成功的法则。比如，运动员最好在年轻的时候参加比赛，这是体能和激情最旺盛的时候，最容易出成绩。

可能有人会说：“摩西奶奶到了晚年才画画，不也大有成就吗？”

没错，摩西奶奶确实在晚年才开始画画，且画出了自己的风格。但要注意的是，她并不是晚年才开始学画，而是在年轻时已经打下了绘画基础。如果年轻时没被家务所累，恐怕她也更希望在年轻时就开始自己的艺术生涯，那样，她的成就也会比后来更卓著吧。

二来，能力上要承担得起。像上文提到的李彬为什么不讨人喜欢呢？并不是因为他高谈阔论，而是他的能力与他假装出来的成熟不匹配。如果他真的能力突出，没人会因为年纪的原因而限制他的发展。

年龄往往代表着阅历，没有足够的阅历就达不到质变——有些话说出来就不深刻了，有些事做出来就不完美了，有些成熟表现出来就不真实了。

三来，这是对生命的一种尊重。

生命的力量很强大，与其抵抗，不如尊重它、顺应它。比如，一个老太太就没必要像小姑娘似的撒娇、啼哭，也没必要学少妇那样浓妆艳抹，那只会换来别人的嘲笑，倒不如优雅地老去。

而年轻人呢，也没必要老气横秋的，那会辜负生命带给他的力量。年轻就该有梦想、有活力、有激情，遇到不平可以拍案而起，因为这时候不拍，到了老年再拍那就心有余而力不足了。

在时间的长河里，人总会改变，但我们需要担心的并不是改变，而是如何在改变中做最好的自己。

我所认识的一位大学老师江老师，她年纪不小了，但依旧天真，对万事万物都怀有好奇。她还会跟丈夫闹一些小脾气，但一点都不讨厌，因为她有分寸感。可以说，她在这个年龄的范畴内的一切天真与小脾气，都被丈夫所接受。

所以，我们对自我成长要有分寸，要设立一个有时有节的“观念钟”，按照钟点来推进人生的脚步，那样才最合理。

最后，祝愿每个人都能找对自己的时节，把握好自己的“观念钟”，做最好的自己。

生活需要奖励，更需要惩罚

如何掌握批评与表扬的比例，是我们人生中掌握分寸感的一门必修课。

一、教育孩子的正确打开方式

分寸感非常微妙，这不是单纯的标准，而是一种合适的尺度。这种尺度难以量化，却可以在生活的大小事情中反映出来。

某个周末与朋友去吃火锅，那是一家很火爆的重庆火锅店，桌与桌之间有矮墙相隔，隔壁桌坐着一对夫妻及其四五岁的女儿。

这个小女孩非常好动，先是在座位上爬上爬下，后来又觉得不过瘾，就干脆往矮墙上爬，结果半个身子探到了我们这边。而我们几个人，正咕噜咕噜地涮着麻辣滚烫的九宫格火锅。

我急忙提醒小女孩的妈妈："小心点，孩子如果跌过来就麻烦了。"

这位妈妈马上对女儿说道："囡囡啊，我们不爬好不好？"说完后，她向我们递了一个白眼。

当然，对于小女孩来说，这种程度的劝服完全没力度，她挣扎了几下，继续朝着矮墙爬过来。她不知深浅，居然还用手去拨弄我们桌上的毛肚，而那双手有些脏，也不知道是玩过什么东西之后没洗手。

我不喜欢没教养的孩子，急忙用手阻止了小女孩，并再次提醒那位妈妈。

小女孩的爸爸显然很生气，瞪起眼睛要教训她。这时候，妈妈一把拉过女儿，白了我一眼，又白了她老公一眼，然后柔声柔气地说："囡囡啊，乖一点啊，一会有好东西给你吃。”

小女孩一脸的笑意，丝毫不觉得自己受到了批评。

当我们吃得正酣时，小女孩再一次爬了过来。这次她爬的位置不太好，身子没有探到我们这边，不过脚下一滑，然后一脚踩在了她妈妈刚盛好的一碗豆腐里。小女孩被烫得哇的一声就哭了。

这下子，妈妈终于不淡定了，她把孩子抱起来去卫生间用凉水冲脚。孩子的哭声很大，引来一片目光。饭店服务员也过来了，那位妈妈想责怪几句，却被她老公一句话顶了回来："怪别人吗？就怪你自己！"

"这怎么能怪我？我哪知道她踩哪儿啊！"

"我是说，女儿一遍遍爬那个墙，你管了吗？我要管，你还不让。你要是早管了，她老实吃饭，能烫着吗？"

听到这句话，我顿时觉得"公道自在人心"。其实，小女孩被烫这件事并不是不能预防，早在她第一次爬矮墙的时候，她妈妈如果及时制止——不，应该说服或者给予严厉的批评，那就可以避免不好的结果。

实际上，这个小女孩还是幸运的——如果那天她再多爬一点，直接栽进我们的火锅里，后果不堪设想。

不过，小女孩的妈妈显然没意识到这一点，后来她抱着哇哇大哭的孩子跟老公吵得不可开交，其中让我印象最深的几句话是："孩子是不能骂的啊！你懂不懂教育？教育就是要多表扬，不能骂！"

那么，不被"骂"的孩子就真的会变成好孩子吗？实际上，教育孩子，骂是骂，批评是批评，二者不一样。

二、你自奖励，也需惩罚

上文所说的"骂"，其实就是一种教育和惩罚。无论对于儿童还是成人，这都非常有必要。

不知从何时起，社会上开始流行一种论调，就是教育孩子要"多鼓励，少批评"。确实如此，鼓励往往能够增强人的自信，给人以更多积极的力量，而批评过多则会让人失去自信，甚至可能破罐子破摔。

但是，请注意，这里不是说完全不批评。那么，如何掌握批评与表扬的比例，就是我们人生中必修的一种分寸感。绝大多数人都意识不到这个问题，然后在失去分寸的道路上越走越远。

我的同学娇娇就是一个典型的例子。

娇娇的儿子同同顽劣不堪，以致每次她约我的时候，我都请求她不要带孩子。她对此非常不解，说："我们家同同非常可爱的啊！”我的回复是：“可爱是蛮可爱，但无论做错了什么事你都不管，我又不敢多说，实在受不了。”

话说到这个份儿上，可能友谊的小船就要翻了。“翻船”之后没多久，我得知娇娇得了抑郁症。再一次见到她的时候，她面黄肌瘦，眼圈深重。家里乱作一团，孩子在阳台上大声尖叫，引来邻居隔窗大骂。

“怎么会变成这样？”我问。

“你不知道孩子有多难带，我有多辛苦，我实在受不了了！”

娇娇哇的一声哭了。这时候，同同被妈妈的哭声也吸引过来，我以为他是来安慰妈妈的，那可真是暖心的一幕。不承想，他快步走过来，把一瓶保湿露扣在妈妈的头上，然后开心得大叫起来。

简直太过分了，我站起来打算教训一下同同，但娇娇捂着头说：“哎呀，不要管他，随他去吧。”然后，她又对儿子说，“同同，你最乖了对不对？去自己屋里玩吧。”

这就是娇娇的教育方式，只会鼓励，不会惩罚。

我对此感到很无奈，想了一下，终于决定坐下来跟娇娇好好谈谈。我讲了惩罚对于教育孩子的重要性，娇娇似乎也听进去了，心情渐渐好了起来。这时候我发现，我和娇娇一直坐在一堆衣服上面。

“娇娇，这么多衣服都是要洗的吗？你收拾一下放进洗衣机里吧。”

“这些衣服是洗过的，你不用管它。”娇娇急忙说。

“那你整理一下挂衣柜里吧。”

“不用不用，衣柜放不下了，就放沙发上好了，要穿的时候直接拿。”

“天啊，你怎么买了这么多衣服？”我惊呼。

娇娇自豪地笑了一下，说：“女人嘛，就是要对自己好一点。现在我过得这么不容易，当然要多买一些物品来犒劳自己了。”

我真的感到无语。奖励不是一个人在做好自己的事情后才得到的吗？可是，现在你明明做得并不怎么好，为什么还要奖励自己呢？

“你老公也不管你吗？”我问。

“他？好几天他也回不了一次家。”娇娇脸色暗淡了下去。

“那你也不管他？”

“男人管不得的，随他去吧。”

我终于找到娇娇生活出现问题的症结所在，她简直就是一个典型的“只奖励，不惩罚”的人。再经过细聊我才发现，她从来不肯用惩罚的方式，无论是对自己还是对孩子。

当取得一点点进步和成功时，她就立即奖励自己，购物、吃喝玩乐。但当生活出现不正确的导向或者脱轨时，她却觉得惩罚是一件恐怖的事情，最好不要去做。

我即将离开娇娇家前，她突然开心了起来，叫来儿子说：“今天同同表现得很不错，妈妈带你去吃好吃的，怎么样？”

我环顾了一下被同同弄脏了的墙壁，真没看出他哪里表现好了。我委婉地说：“你要不要先收拾一下房间？”

“不用，今天过得开心，要给自己一点奖励。”然后，娇娇抄起一件丢在沙发上的连衣裙，直接套在身上就打算出门。

看来我的话都白说了。

三、你的惩罚必须出自善意

樱桃是个全职写手，这令我非常佩服，因为做全职写手面临最大的困难是：每一天让自己按时动起来。

试想一下：早晨没有公司的打卡制度作为制约，你能够按时起床吗？即使起床了，阳光大好，早餐飘香，你能够立即开始工作吗？早餐后，喝一杯茶，然后下意识地掏出手机，一刷就是一上午。别告诉我你不会这样做，因为绝大多数人都难过这一关。

但是，樱桃过了这一关。全职写作近三年，她并没有出现我预想中的散漫。谈好的交稿日期，她就一定会保质保量地按时交稿；她说要写一篇推理小说，那就一定会写，从来不用“没有灵感写不出来”这样的借口。

我怀着仰慕的心问樱桃是如何做到这一点的，她开心地说：“惩罚自己啊！因为害怕惩罚，所以不敢不写！”

没错，樱桃虽然在做自由职业，却自有一套“考勤”体系。每个周末，她都会根据自己的实际工作任务制订一套工作计划，无论下周发生什么事情，任务必须要完成。

如果任务完成了，樱桃会给自己放一个短假，出去旅行或者逛街购物。如果任务没完成，她会惩罚自己待在家里，无论谁约都不出去，并且禁止自己刷手机、看电视，以及这一天只准吃素食。

因为爱吃肉，因为爱游玩，又因为自己是一个有约束力的人，所以即使樱桃独自待在家中，她也可以严格地遵从既定计划。也正是靠着这套规律的计划（其中还包括月度完成奖励等，在此不赘述），成就了今天的她。

我问樱桃：“你是怎么想到做计划表的？”

樱桃说：“如果不做计划，就相当于放弃自己了。但是，由于不想放弃自己的愿望很强烈，我就不得不做计划。”

我突然想起了自己考研的那一年。那时候，绝大多数同学都选择在校复习考研，因为同学之间一起学习会起到相互监督的作用，以此避免偷懒。

当时，班里只有我一个人选择了回家复习考研，我只能靠自觉。一开始我也会散漫，进度完全跟不上，但后来我会给自己列一个“考研进程表”，把要复习的知识点分列在表上，然后一步一步去完成——如果完不成，就要熬夜学。

我的心脏不好，最怕熬夜。这种强烈的惩罚方式使我在考试前圆满地学完了应学的全部课程，最终顺利地考上了理想中的学校。

现在想起来，也许当时我是无意识的，但在无形中给自己设定了一个有分寸的惩罚机制，最终对自己起到了积极的促进作用。所以说，我要谢谢这种善意的惩罚。

四、找准惩罚与奖励之间的平衡点

也许娇娇和樱桃的例子都较为极端，但是，反观自身，我们是不是也会经常出现“奖励过多，惩罚过少”的情况呢？

比如，很多女孩都喊着要减肥，我也不例外。有一段时间，我严格地给自己制订了健身计划，每天完成之后就在手机上打卡。但很快我发现，自己的打卡模式有问题。

如果今天做好了计划，那我就觉得自己非常了不起，对自己说："看，我多棒，吃点好吃的奖励一下自己吧！"当没有完成打卡计划后，我却没什么负罪感，所以不会对自己采取任何的惩罚措施。

因此，那段时间做完健身计划后，我发现自己又长了好几斤肉。于是，在第二轮健身计划开始前，我认真地反思了一下自己的行为，发现问题的症结就在于，我没有把握好奖励与惩罚之间的平衡。

如果没有奖励措施，我可能就会失去打卡的动力，从而不能坚持完成健身。如果没有惩罚措施，我同样会放纵自己，使得标准一再降低。

最终，我找到的平衡点是：如果坚持打卡，持续两周的话可以奖励自己一件衣服。如果某天打卡不成功，就应该减少当晚晚饭的摄入量，甚至不吃晚饭。

在这种平衡之下，我的体重迅速也接近理想值。而且，因为有了相应的惩罚，我打卡的动力比以前更强了，在大量运动后，长期困扰自己的颈椎病也得到了一定的缓解。

其实，在做任何事情或计划时，我们都会面临与自己的斗争。这个“自己”是爱偷懒、会找理由不断放纵自己的负面形象，如果想要打败他，用和平方式解决不了问题，最终需要更加激烈的方式——适当的惩罚。

在惩罚与奖励之间，找一个最合适的位置让自己的本能得到适应，从而进入一个良性的机制，这就是对自我的分寸。

当自己没能顺利完成一项工作的时候，不如好好想想，是不是在奖励与惩罚之间失去了平衡——是惩罚太多打击了自己的信心呢，还是奖励太多导致自己懒散无能了呢?

细心找，你总会有所发现。

➤ 接收身体发出的信号

身体就像一个承载着人们灵魂的瓶子，灵魂可以无限升华，但瓶子是有限的载体，太过于努力地生活会打碎瓶子，再美的灵魂也会碎一地。

一、失去生活本来样子的李芒

对于李芒的辞职，我们都感到很意外。在我们的心目中，即使全单位的人都跑光了她也不会走，因为，她是那种时刻都坚守在岗位上的人，甚至可以说，我们感觉她生下来就被钉在了岗位上。

平时到了下班时间，别人都会快速收拾好自身物品，一分钟都不想耽误，飞奔回去约会，或接孩子、做晚饭。李芒一个人坐在那里默默对着电脑，透过厚厚的眼镜片，一丝不苟地码字或者校对数据。

节假日到了，别人都去度假或者宅在家里，李芒却会抽出一定的时间到公司来，再次把自己的工作一一整理，认真完成。

虽然我不愿意承认，但不得不说，在职场中有个怪现象：如果你特别能干，那你背负的工作往往会越来越多。由于认真、努力以及靠谱的性格，部门里的绝大多数工作都压到了李芒的身上，她一个人承接了三个人的活。

初到公司时，我被李芒的工作态度惊呆了。作为一个缺乏奉献意识的人，我认为自己看到了传说中的楷模，并一度怀疑李芒是不是在装样子——难道真有这么努力的人吗?

后来，我发现李芒是真的热爱工作，“工作使我快乐”是她的心声。记得有一次，公司给了一堆数据表格要在月底之前做完，所有人都怨声载道，李芒却拍着胸脯说：“没事，交给我吧。”然后，她把工作接去了一大半。之后的几天里，她几乎天天加班到深夜。

就是这么一个热爱工作的人，居然要辞职。领导自然要找李芒谈心，想了解一下她是不是受了委屈，是不是不满意当前的待遇。

李芒摇摇头，表示都不是。

领导想了想，又问：“部门里的工作你做得最多，所以最辛苦，你是不是觉得不公平?”

李芒哇的一声哭了出来。

领导认为自己找到了症结所在，急忙安慰李芒，说可以进一步调整目前的工作，把她手头的几项工作给别人分一分。但李芒摇头说道：“没用的，分也没用。”

“这是什么意思?”领导问道，但李芒不肯说。

还是公司的姐妹力量大，坐下来“围攻”式谈心后，李芒终于道出了内心真实的想法。原来，因为加班压力过大，造成了她内分泌失调，最主要的表现就是月经不调。

李芒一直都不在意这种事，她认为女人来例假哪有不难受的呢？可是，结婚几年了，她先后怀胎两次都流产了，直至第三胎死于腹中的时候，她老公崩溃了，她也崩溃了。

李芒去看西医，医生给开了一堆药。她又去看中医，老中医说："小姑娘，你是不是工作太辛苦，心情太紧张？"

此时，李芒说："以前我总觉得工作就应该拼命，但没想到的是，拼进去的是我孩子的命。所以，我不想干了。"

"你可以不用辞职，跟领导反映一下，自然就会减少你的工作量。"大家劝道。

"没用的！其实，我心里有数，现在我的工作量这么大并不是领导压迫我，也不是同事欺负我，而是我自找的。我这个人向来有这样的毛病，就喜欢多干活。如果我继续干，肯定还是这个样子，索性就辞职算了。"

听了李芒的话，我们都觉得无话可说。她很快办完了辞职手续，离开了公司。

一年之后，更多的新鲜事进入我们的生活，李芒也不再是大家热议的话题，很少有人去关注了。不过，几天前我发现她换了微信头像，上面是一个可爱的小男孩。我点击查看大图，发现那孩子的眉眼跟她很像。

我想，李芒终于走出一个无节制的、无分寸的恶性工作怪圈，找到了适合自己的路。

二、身体“不可逆”的栾声

“颈椎曲度变直是不可逆的。”医生对栾声说。

听完之后，栾声愣了半天。她想起小时候自己爱看电视，妈妈总是一把夺过遥控器，并对她说：“你知不知道，眼睛近视是不可逆的！”

妈妈是一名教师，用起词来总是文绉绉的，对当时年幼的栾声来说很多都听不懂。但是，“不可逆”这个词却在妈妈的解释下理解了。她知道，妈妈所谓的“不可逆”，就是在我们的一生当中，一件事如果发生就不会再改变了。

所以，栾声总是特别担心“不可逆”的事件发生。比如，她会好好地爱护自己的眼睛，以防近视了；她会好好刷牙，注意不乱咬东西以防止牙齿变形。

这么小心翼翼的栾声，在拼命工作到 28 岁的某一天，听到医生对自己的颈椎下的结论之后，震惊不已。

怎么会这样呢？栾声仔细回想了一下自己这些年的生活。她在某国企工作，收入不高却也不忙，业余时间就写网络小说，渐渐地成了优秀的写手。一旦开始有粉丝跟进，且稿费收入水涨船高之后，写作就不再是一件私事，而是一种被迫的高强度工作，可能每一个写手都会有这样的感受吧。

栾声所签约的网站要求她每天至少更新3000字，不断更就会有奖励。应下这个条件，栾声并非没有犹豫过，但年轻人的拼劲让她自信满满：不拼拼看怎么行！

每天3000字，说起来容易写起来难。这意味着每天你只写3000字是不够的，因为总有意外情况发生，比如生病、亲友来访等问题会影响你的写作，甚至断网、电脑坏了等问题也会有影响。

为了防止发生意外而无法按时交稿，栾声必须尽最大的努力“囤稿”，以备不时之需。

记得有一天晚上，外面正在刮狂风下大雨，小区门口的一棵树被刮倒砸在一根电线杆子上，导致整个小区停电，电脑里恰好又没有储备稿子，栾声愁死了。后来，她果断披上雨衣冲进离家最近的一家网吧，但这家网吧也停电，再继续找，最后找到一家，终于把当天的字码完了。

发出稿子的那一刻，栾声真的想哭。

在这样高强度的工作中，栾声的身体发生了一些变化。首先是体型变了，肚子变大，背变驼，完全没了刚毕业时的精气神。皮肤也有些变化，颜色变黑，毛孔变粗，每天都需要抹很多隔离霜才能中和肤色。

最重要的变化还是颈椎。栾声发现，每次码字时脖子都会疼，起初是靠近脑袋的地方疼，后来扩散到两肩，再后来整个背部都疼，而颈椎的地方反而不疼了，代之以微微酸麻的感觉。

一开始，栾声上写手论坛发帖说了一下自己的情况，大家都回复："没事，这年头当写手，你不脖子疼都不好意思出来混。"

于是，栾声放心了，工作之余准备再开写一部长篇稿子，进入每天更新 6000 字的高端写手大军。然而，颈椎再一次发生了变化。栾声发现，每到下午自己都会出现头晕恶心的症状，有时候甚至两眼昏花看不清东西。

有一次，实在难受得不行，栾声才去了医院。经过一系列检查，大夫说栾声处于严重的亚健康状态，颈椎曲度变直是重度筋膜炎，如果再严重一点的话，可能要做手术。

也就是在这个瞬间，栾声想起了妈妈的"不可逆"理论，知道自己的身体出现了严重的创伤。

其实，回头想想，身体给过栾声很多次警告，但是一次一次地被她忽略了，最终身体只能报复性地放大招。如今，戴着颈椎牵引器的她每读一会儿书、码一会儿字就会感到钻心的疼痛。但面对疼痛，她也无法抱怨，毕竟是自己没能正视身体的警告，没有把握好身体健康的分寸。

三、年轻人共同的病：拼命

在所有的激励性词汇里，我最不喜欢的就是“拼命”这两个字。为什么一定要拼命呢？生命那么宝贵，难道不应该好好呵护吗？

如今，工作压力大，越来越多的年轻人只能通过拼命去实现自己的梦想。你加班到十点，那我就到十二点；你加班超过了十二点，那我干脆熬通宵好了。

前些年，“过劳死”的新闻经常刷屏朋友圈，大家看过后都感慨良多。可是，近几年大家已经见怪不怪了，甚至我有个做公众号的朋友说：“过劳死的新闻我都不想转了，谁不累啊？我都觉得有一天自己也要过劳死了，哪还有空管别人呢！”

诚然，这个朋友每天都要刷手机，只要发现热点，就要随时写稿更新，博取点击量。与工作量相比，更催命的是他的工作压力，而据说这在媒体人中是常态。

如今，成功学总是教大家要拼命，但命是用来拼的吗？如果想要好好地工作，为什么不能在一定限度内努力奋斗呢？

身体就像一个承载着人们灵魂的瓶子，也许灵魂可以无限度地升华，但这个瓶子却是一个有极限的载体，太过于努力地生活可能会打碎瓶子，再美的灵魂也要碎一地。

那么，有人就会问：是不是不要去努力呢？当然不是，努力和不努力之间就是我们要把握身体的分寸。而身体释放出的种种信号早就告诉我们，要好好地把握这个分寸。

今天运动了，明天腿有点酸疼，那么还好可以继续运动，这是健康的锻炼模式。今天运动了，明天腿都要断了，如果还要接着锻炼那只能说是“自杀”。身体无时无刻不在给我们发送信号，并试图通过这种信号与我们交流，让我们找到与它相处的分寸。

虽然我们都渴望进步，渴望成功，但无论如何，身体健康的分寸可能就是速滑道上决定胜负的最后一步，也有可能是压倒一个生命的最后一根稻草。

第二章 对亲人的分寸感

有一种爱的方式叫作适度分离，有一种血缘的组成形式叫作互不干涉。这种尺度，就是一种最佳关系的分寸。

有一种爱叫分离

远，不是指老死不相往来，而是保持在一种“经常联系却又不彼此干涉”的尺度上。

一、有一种爱需要离得远一点

小美不小心把老公大庄烫伤了，起因非常简单：小美倒开水时，电话正好响了，情急之下她拎着水壶一转身，热水恰好浇在了大庄的脚面上——幸亏他穿着棉拖鞋，要不然就烫得更厉害了。

当时，大庄大叫，小美尖叫，然后两人相视而笑。作为一对新婚夫妻，只要是两人一起做的事，往往是做啥事都觉得好笑。

大庄说：“这下好了，我残了，晚上你做饭你洗碗。”

小美说："哎呀，既然你不能做饭不能洗碗了，我干脆把你烫死吧，好再去找个新老公。"

大庄说："别啊老婆，我虽然脚被烫伤了，但心还是好的，可以继续爱你，所以你别烫死我啊！"

小美说："小嘴蛮甜的啊，无论烫哪儿，我也舍不得烫你的嘴。"

这听着是不是很甜蜜呢？不过，转折马上来了——婆婆从里屋冲出来，大叫一声："天啊！都烫着脚了，你俩还在这儿说嘴！"

小美和大庄吓了一跳，眼瞅着婆婆马上拿来酱油，然后满屋翻找纱布。

小美想起以前看过专家说身体烫伤不能抹酱油，那是土法子，不科学。她刚一指出这点，婆婆就生气了："那你找个科学的法子来！把大庄烫成这样，你还不快去买烫伤药！"

小美自知理亏，急忙下楼去买烫伤药膏。等她买好药膏回到家的时候，大庄躺在沙发上，脚在妈妈的怀里，看起来像个大宝宝。她突然觉得不对劲：只是小烫了一下，刚才还挺和谐的，现在怎么就如临大敌了呢？

小美想起刚谈恋爱那阵子，她跟大庄初来这座城市住出租屋时也有过一次烫伤事件。那次比这次还严重，热油烫了大庄的手指，皮肤都破了。小美心疼极了，大庄却哈哈大笑，说这下子可不用洗碗了，俩人斗着嘴就慢慢地把伤养好了。

这次烫伤明明不严重，气氛却不大对。后来，整整一天，小美都听婆婆在大庄耳边念叨："小美这孩子真是的，这么不小心！脚上的烫伤很容易感染，我跟你说别不当回事，感染了脚都要锯掉的。"

在婆婆的一再鼓动下，大庄也开始有点怪小美了，对她说："以后你多小心点，难道将来有了孩子也这么毛手毛脚的吗？"

小美觉得委屈极了。第二天上班，她把这事跟闺蜜说了，闺蜜说："没别的毛病，就是你婆婆烦人。"

过了一个月，婆婆走了，小美妈妈来了。小美本来想着跟亲妈一起生活肯定会更好，却发现完全不是那么一回事。

有一天，小美在卧室里跟大庄吵嘴，俩人举着枕头对打，一边打一边叫。其实，在平时这是他俩常见的"小节目"，往往打一会儿，气消了，过错方赔个不是，小两口就又凑在一起亲热了。这时，小美妈妈一个箭步蹿了进来，说："你们俩打架啊？"

小美和大庄举着枕头，不知道说啥才好。

"夫妻俩有什么事不能好好说，非要动手。大庄，你是个男人，要让着点小美，打起来她不吃亏吗？小美，你从小脾气就不好，嫁了人不能再耍公主脾气。”

小美妈妈一下子上升到这样的高度，小美和大庄突然都来气了——本来没什么大事，偏偏在亲妈的渲染之下，小事变大了。当着妈妈的面，小美和大庄开始理论起来，越理论越气，到后来谁也不理谁了。

小美妈妈急得直叹气。

第二天，小美鼓着气去上班。闺蜜看到后问：“怎么啦？婆婆走了，亲妈来了，你还有什么不如意的？”

小美把昨晚的事从头到尾讲了一遍，闺蜜沉思了一会儿，说：“看来，你俩之前的矛盾不是你婆婆的问题。”

“那还能是我的问题啊？”小美白了闺蜜一眼。

“也不是你的问题。”

“那是我妈的问题？”

“也不是你妈的问题。”

“那到底是谁的问题？”小美有些急了。

“是住在一起的问题。”闺蜜补充说，“其实，仔细想想你会发现，夫妻吵架往往发生在和父母住在一起的时候。有时候，夫妻吵架很快就能和好，但父母一插手就完全不一样了。”

“你老公烫伤的那次，如果婆婆不在家，你俩调着情就完事了。昨天吵架的事，如果你妈不在家，你俩一会儿就亲热上了。但是，因为有父母在家，一切就不一样了。”

小美定定地想了想，然后重重地点头，但又不甘心地问：“可这是为什么呢？父母不是最爱我们的人吗？”

“确实是啊，但是，有一种爱需要离得远一点。”

二、亲人之间也要分离

早年写专栏的时候，我收到过许多女性的来信，其中关于家庭矛盾的吐槽数不胜数。那时候我还年轻，所以往往会回信告诉对方：“是你的性格问题”“是你妈妈的问题”“是你婆婆不对”等。

后来我结婚了，身边的同学、同事也都步入了婚姻的殿堂，这时候我才发现：生活远比自己想象的复杂，有时候家庭矛盾不是某个人的问题，而是相处方式的问题。这个问题就是：有一种爱需要远离，有一种关系需要分居。

如果你认真地观察身边的人会发现：父母不在身边的夫妻，感情往往更好。这似乎是一个奇怪的现象，但现实生活就是如此。

梓晴是我同学，毕业后留在大连，然后结婚生子，而且父母都在身边，这让我羡慕不已。

某天，我向她表达羡慕之情，她却说：“拉倒吧，我才不想在父母身边呢。”她说，在父母身边不容易培养夫妻感情，倒很容易吵架。

比如，周末要去哪边的父母家过就是一个大问题。梓晴和老公几乎没有自主过周末的可能性，因为离双方父母太近，一到周五就会打电话来问“周末回不回来”。如果回，那么，最好是双方父母家轮着去，万一有了偏差，夫妻二人就容易吵架。如果回答“不”，那么，双方父母就会抢着直接跑到他们家来，帮忙做饭、做家务。

梓晴说：“你要知道，夫妻吵架最不容易调和的矛盾是什么吗？一是外遇，二是双方父母。像我家那位，平时你说他什么都行，但是说他父母一句就不行！”

这种生活模式一方面容易引起矛盾，另一方面也会使夫妻二人独处的时间减少。所以，梓晴几乎没怎么跟老公单独过过周末，也就不容易享受到那种周末的安静与甜蜜。

总结一下梓晴的经验，那就是与父母生活在一起，生活成本降低了，辛苦的程度也大大减少了，但是对于夫妻感情来说并不是一件好事。父母过多的干预，会减少夫妻二人独处的时间以及在磨合中增进感情的机会。

后来，因为工作的调动，梓晴的老公要前往安徽的一个小城。起初，关于梓晴要不要跟随前去，家里举行了一番大讨论。双方父母都不同意她去，说人生地不熟的，去了又要找工作，以后还得准备买房子，太辛苦了。

但是，梓晴思考一番之后决定跟着老公去，她说：“我还挺想试试只有我俩的生活到底是什么样子。”

如今，梓晴已经在那座安徽小城安了家，也会经常到南京来看我。现在，她和老公对彼此更加满意了。她说：“生活当然是辛苦的，每天只能自己做饭，衣服要自己洗……一起面对所有的事，但感情真的是越来越好了。每个周末只有我们俩，就是一起去楼下转转也幸福满满。”

最后，梓晴问我：“我不跟父母住一起，这样是不是不孝顺？”

我说：“不是。不孝顺是不赡养老人的意思，你们夫妻二人有自己的生活空间，这没什么不好。总之，亲人之间也要分离。”

三、把握好最佳关系的分寸

如果我们关注动物世界就会发现：在动物世界里，“孩子”长到一定程度就会被迫离开“家长”。

从人类的角度来看，这当然是很残忍的，因为在离开父母之后，很多幼崽由于适应不了大自然而死亡。但是，从长远的生存发展来看，这是一件再合适不过的事。

不光是父母，包括其他亲人之间离得远一些也有好处。有些人跟七大姑八大姨走得太近了，吃饺子也送来送去的，有点小事会传遍亲友，生活被亲情大幅度绑架，这实在不算是幸福。

所以，亲戚之间的争吵、不满、忌妒，在生活中比比皆是。这时候，如果能够将距离适度拉得远一些，关系往往就会处理好一些。这不是指老死不相往来，而是保持在一种“经常联系却又不彼此干涉”的尺度上。

比如，逢年过节可以走亲戚，大家聊聊天、叙叙旧，哪家有难的时候，大家可以伸出援手，能帮就帮一把。但是，在日常生活中，大家不用天天见，也不必把彼此的隐私都扒开了给对方看。

所以说，有一种爱的方式叫作适度分离，有一种血缘的组成形式叫作互不干涉。这种尺度，就是一种最佳关系的分寸。

学会拒绝“我是为你好”

“我是为你好”，这是一种不负责任的道德绑架，因为对我们来说，亲人衡量出来的“好”，可能不是真的“好”。

一、楠楠的爱情悲剧

一年前，闺蜜楠楠出嫁了。我作为伴娘参与其中，婚礼全程结束之后我泪眼婆娑的，不是为楠楠的幸福而激动，而是为她不值——因为她嫁给了根本不应该嫁的男人。

楠楠跟丈夫乔伟没什么感情，乔伟老实巴交的，家庭条件也就中等偏下。唯一的好处就是，楠楠是南昌本地人，乔伟是外地人，她嫁给乔伟之后可以稳定地留在父母身边，父母也相当于招了一个上门女婿。

楠楠父母是这么跟她说的：“嫁人不能光看爱不爱，那都没用，能过好日子才是最重要的。乔伟确实很适合你，听我们的没有错，真的，我们都是为了你好。”

其实，楠楠不是没有过轰轰烈烈的爱情。在北京读研期间，她遇到了初恋林峰，一个高大帅气、充满魅力的男人。

林峰和楠楠各方面都相配，可以说是郎才女貌。

虽然林峰不在北京工作，但是每次出差都会想尽办法在北京转机，抽时间来看看楠楠。我们都羡慕楠楠竟然遇到了这么好的男朋友。

然而，当十一假期楠楠把林峰领回老家的时候，她爸爸却非常不满意，并且提出三个问题：一是林峰在上海工作，将来楠楠要跟着去上海，大城市竞争激烈，生活一定很辛苦；二是林峰的工作虽然不错，但学历低，配不上楠楠国内一流大学的硕士文凭；三是林峰外形太出众了，这样的男人出轨概率太大。

楠楠当然不服她爸这套理论，接着大吵一架，早早结束了自己的假期。

也就是从那时起，楠楠爸爸就在致力于如何棒打鸳鸯，他一定要让女儿回到自己身边来。为了达到这个目的，神通广大的他不惜找到林峰的前女友——一个已婚少妇，安排她跟林峰“约会”，然后将事情添油加醋地告诉女儿，其剧情之复杂不亚于偶像剧。

再深情的爱情也禁不起一次次的摧残，楠楠和林峰开始吵架、冷战，直到分手。分手时，林峰对楠楠说：“你会后悔的，因为我们本来可以非常幸福的。”

楠楠和林峰分手后，她爸爸非常开心，接着就开始到处物色他心目中的“优秀”男性，于是网罗到了乔伟。乔伟是大学老师，学历跟楠楠匹配，同时因为相貌平平也符合她爸心中“老实，不出轨”的形象。更重要的是，乔伟在本市工作，老家远在西北，而且将来没有把父母接过来的打算。换言之，如果嫁给乔伟，楠楠相当于被拴在了家里。

楠楠爸爸说：“就是他了！他真的很好！老爸不会害你的！”

楠楠说：“但我真的不喜欢他，对他一点感觉也没有。”

楠楠爸爸说：“现在的年轻人就是矫情，感情都是慢慢处着就有了，将来你就会喜欢他的！”

楠楠说：“爸爸，我刚失恋，你让我平复下心情行不行？咱先不谈这事好吗？”

楠楠爸爸愤怒地说：“我就说那个林峰不是好东西，分手了还害得我女儿伤心。你想，如果你跟这样的人在一起生活，将来肯定会痛苦不堪！”

楠楠说："你别提林峰了，我不想听。"

楠楠爸爸说："好啊，爸爸不提林峰，咱们就说乔伟，他真的不错，我都做主答应他了。你放心，爸爸不会害你的，我都是为你好啊！"

"爸爸所做的一切都是为我好"，就是怀着这样的想法，楠楠接受了爸爸的安排，莫名其妙地走进了婚姻的殿堂。

二、楠楠不止做错了一件事

楠楠新婚后的一周里，我们几个好朋友都特意给新婚夫妇留出了独处的时间，但某个晚上她还是打电话把我们都约了出来，大家在一家咖啡馆里聚会。

楠楠沉默了一会儿，说："我突然觉得自己可能做错了，因为一想到他在家里，我甚至都不想回去。"实际上，楠楠真的做错了——因为她爸爸的一句"我是为你好"，她做错了不止这一件事。

当初，在北京读书的时候，楠楠比我优秀，可以有更好的发展，但她爸执意要她回南昌，说："虽然南昌跟首都比不了，但爸妈在这里有人脉，事事可以帮你，将来你生了孩子也可以帮忙带。真的，我们都是为你好，不让你受委屈。"

楠楠对此有些抵触。其实，当初她考到北京就是为了能够留在这里，实现自己的梦想，现在离梦想只有一步之遥了再回去，实在不甘心。

但是，楠楠爸爸立即上演了一出“病倒在床，静等孝女”的大戏，然后要女儿在他得病的最虚弱期表态：“我会回南昌的。”得到表态之后，很快他就“康复”了，然后动用各方关系给女儿安排工作。

楠楠爸爸找了一圈关系之后，在街道办给她谋到一个职位——是她以前最不想做的工作，繁杂、琐碎，完全将她对工作多彩的梦想击碎了，而她爸那句“我是为你好”还是让她妥协了。

曾经美貌、努力、人生有无数可能性的楠楠，现在做着让自己头疼甚至想逃离的工作，嫁给一个不想回家面对的男人，高兴的是自己的爸妈，痛苦的只有她自己。

我们问她：“怎么就不反抗呢？以前你挺厉害的啊。”

楠楠一口气喝光一杯苦咖啡，说：“是啊，我是挺厉害的，但那是我爸，就算我被他玩的那些花招气得不行，那又能怎么办？再说……他也是为我好，我不忍心拂了他的意。”

我想，这真是无可挽回的悲剧。

三、你要学会拒绝亲人不负责任的道德绑架

“我是为你好”，这句话杀死了多少可以成功、可能幸福的人?

其实，当人生面临重大选择的时候，亲人都会在我们耳边不断地重复这句话，之后还会附带他们的意见和建议，甚至还有为了让你顺从他们的意图而使的手段。

但是，这是一种极不负责任的道德绑架，亲人把他们衡量事情的标准强加到我们身上，实际上对于我们来说可能不是件好事。如果当初楠楠坚持下去，真的跟林峰生活在上海，也许她会遇到挫折，但那是她自己的选择，她会坚强地面对，绝不至于像现在这样心灰意冷。从这一层面来说，她爸所谓的“我是为你好”，未必是真的对她好。

我有一个远房表弟报考大学，本来想学自己最喜欢的数学专业，但是妈妈和亲戚都严令阻止：“学数学将来连工作都找不到，你要是真喜欢数学，就去学金融吧，那也是研究数字的。真的，我们都是为你好。”

表弟受不了这种压力去学了金融，但由于对金融缺乏最起码的热爱，上学期间他的成绩很差。毕业后，他找工作极不顺利，最后在一家小单位做了一名收入很低的会计。

这时候，那些亲戚都不说“当初我是为你好”了，转头都怪他不争气，他只能自己默默承受着。

所以，归结起来说，当我们长大后一定要学会拒绝他人的“我是为你好”。这种拒绝是我们人生幸福的第一步，意味着我们有了自己的判断，有了自己的选择，更重要的是，我们有了承担自己所作所为的勇气。

而作为亲人，也不要因为血脉相连就肆无忌惮地指点年轻人的生活——谁的生活都是无法替代的，任何人的生活只有他自己才能负责，也只有他自己才有资格做选择。

“孝”而不“顺”

“孝顺”是一个老生常谈的话题，人人都说要孝顺，谁也不敢公开提倡别孝顺。但是，到底怎么去孝顺，涉及非常微妙的分寸。

一、到底什么是孝顺？

朋友一铭刚结婚没多久就要跟妻子梦梦离婚，身边的朋友对此都觉得不可思议，因为他们夫妻二人明明感情甚笃，不应该出现这样的问题，于是纷纷劝和。

一铭却摇摇头说：“没办法，我妈说梦梦不适合我，就得离婚。”

“难道你不知道梦梦适不适合自己吗？还需要你妈说？”

“唉，那是我妈啊，她说的话有自她老人家的道理，当然也是为了我好。”

“好吧，如果梦梦真的不适合你，结婚前你妈怎么没看出来，非得结婚以后才说？”

“结婚前确实没发现，结婚后才发现她不会做家务，买东西总挑贵的，也不想要小孩，不是做媳妇的那块料。还是趁着没怀孕，早点离婚好。”一铭两手一摊，开始再现他妈妈对梦梦的一系列评价。

听了这话，我们都非常生气，但轻易去批评人家的妈妈也不对。于是，我选择了比较和缓的方式来询问：“你呢，你觉得梦梦是这样的人吗？”

“我……”一铭语塞，犹豫半天才说，“其实，我倒觉得梦梦不是这样的。比如，不做家务这件事其实并不是她的错，因为我妈总嫌弃她做得不好，做了家务还要受抱怨，时间长了谁都不想再做。

“我妈说梦梦买东西总挑贵的，这话也说得没道理。我对梦梦还是了解的，以前北漂的时候，她是个很节省的人。我妈之所以说她买东西‘贵’，就是因为她总去大商场买东西，不去大市场买，她就觉得梦梦乱花钱。

“至于要小孩的事……这个不能怪梦梦，其实我也不想要小孩。”

“对啊！你明明觉得梦梦没有错，为什么还要听你妈的话，跟她离婚呢？”我们几个都急了。

一铭露出一脸的无奈，却又理直气壮地苦笑着说：“因为那是我妈啊，她坚持要我离婚，如果我不照做，那就是不孝顺。”

听了这话，我恨不得当场晕倒在地。

看着我们一脸的鄙视，一铭又急忙说道：“我知道你们觉得我太听我妈的话了，但如果你们了解我小时候的经历就不会责怪我了。我妈对我付出得太多了，小时候有什么好吃的都给我吃；我生病了，我们村离镇医院特别远，大雨天我妈背着我一走就是十几里的山路。从小我就觉得，如果长大后我不孝顺我妈，就是禽兽不如。”

对此，我也很感动，我可以想象到一个淳朴的农村母亲对儿子无私的爱，但我看不出这跟儿子必须离婚有什么必然的联系。

“有联系啊。我妈让我离婚，我不听她的话就是不孝顺。”一铭给我抛了一个白眼，“你可是作家，怎么连这点理解力都没有？”

确实，我没有这样奇葩的理解力，难道明知妈妈的话无理却依旧遵从，就是孝顺吗？孝顺明明是一个好词，却被某些人曲解了，他们以为一味地听话就是孝顺——无论父母说的对与错都要奉为圭臬。

我们对一铭的劝解无效，甚至，我在心里暗自希望梦梦还是别跟他过下去了。不管曾经感情有多好，摊上这样的“孝顺观”，未来的日子也不会好过。而梦梦还年轻，没必要早早地葬送自己的幸福。

后来，一铭跟梦梦正式离婚了。我们与梦梦失去了联系，一铭倒是常常见。他过得很不如意，因为心里总想着梦梦，却又不敢去把她找回来。

一铭重新找对象的过程很难，因为每个姑娘都要带给妈妈看。而他妈妈总能第一时间找到对方的缺点并将其放大。

所以，一铭到现在还是单身。

这简直就是现代版的《孔雀东南飞》，而故事的悲剧根源穿越了千年并没有变，原因就是“太听话”——孝顺难道就要“听话”吗?

二、父母的话，到底能不能听?

中国有个词叫作“不肖”，说谁家的孩子不学好往往就叫“不肖子孙”。

行为和思想都像父母的孩子，就一定是好孩子吗? 恐怕并不见得。父母的话当然要听，但到底怎么听就值得商讨。在我看来，听父母的话之前，我们先要想两件事:

第一，父母的话到底对不对?

小兰是一个特别孝顺的女孩，近几年，她的工作稳定，手里也有了闲钱，便决定每年带父母出去旅游散散心。这诚然是好事，但每次旅行回来她都会不开心地说:“这次的旅行体验非常不好。”

怎么会呢，跟自己的父母出去玩，应该开心才是啊。

小兰说，原因在于父母只坚持跟团游，绝对不肯自由行——无论是千岛湖这类自由行不方便的景区，还是上海这种交通便利宜于自由行的景区，父母都要跟团，而且一定要跟那种最便宜的、能在短时间内玩更多景点的团。

父母的想法非常简单：跟团有人带队，有人照应，当然最省心不过了。

但这样的旅行团往往是体验最差的一种。小兰跟我说，本来她想带父母去扬州住几天，就是那种悠闲的小住，逛逛古街，吃吃茶点，要多舒服有多舒服。

但是，父母不肯，说："既然机票钱都花了，就一定要多逛几个地方。"于是，他们报了某旅行网上最便宜的"华东五市游"。

我问小兰："这种跟团游看似便宜，实际上隐性消费多，常被拉到高价购物店里，最终下来省不了多少钱，你怎么不跟父母沟通一下，换一种更好的旅游方式呢？"

"父母不听啊，他们总说：'我吃过的盐比你吃过的饭都多，凡事听我的没有错。'"小兰摊摊手，继续说，"别看平时我好像挺吃得开，在父母那里，他们总觉得我还是小孩，事事还得他们做主。"

所以，被父母做主的旅行失去了原本应有的美好，小兰的一片孝心也打了折扣。

第二，父母的话到底适不适合你？

紫萱在一家小公司里当会计，工资不高。因为工作老是出错，她经常会在半夜里突然惊醒，想起自己可能又弄错了一组数据，顿时出一身冷汗，睡意全无。

紫萱认为自己根本就不是做会计的料，而她之所以选择了这条路，是因为父母的要求。从高中起，她学得最好的就是数学，再复杂的立体几何图形，她只要闭上眼睛好好想想，就能在脑海里构架出来。

正因如此，紫萱特别想学土木工程，她认为做建筑设计是一件特别美妙的事。但是，高考后填报志愿的时候，她的想法受到了所有亲人的反对，父母甚至拍着桌子说道："学土木工程将来怎么能找到工作？"

父母的理由非常充分，他们说土木工程专业虽然男女生都招，但毕业后找工作时的不平等就会立即表现出来——绝大多数单位都不喜欢要女生，因为工作时不可避免地要下工地，一个女生不方便。

除了父母反对，亲戚们也劝说："你爸妈都是会计，你肯定也是做会计的料。况且做会计好，办公室里坐着，风吹不着、雨淋不着，比下工地要好上一百倍。我们都是你的亲人，我们可不会害你！"

紫萱妥协了，最终报了会计专业。大学毕业后，她确实很顺利地找到了工作，但她生活得不幸福。因为，她对数字不敏感，别人一次就可以做好的事情，她往往需要做两三次。多次返工和核查不仅浪费了大量的时间和精力，也让她对这个行业越来越失去了信心。

领导和同事见紫萱的工作能力差，也对她没有了必要的重视和尊敬。她做着自己不擅长也不喜欢的工作，每天都觉得很压抑——在那些没完没了的表格和白眼里，她找不到成就感。

更令她痛苦的是，她发现女生学土木工程专业并没有家人说的那么可怕，而且现在整个行业已经向女性敞开怀抱了，很多女工程师也可以做得很好。

当初，父母的想法没有错，对紫萱未来的安排也是出于善意，但由于并不适合她，这条路她就越走越窄了。

人非圣贤，父母不可能句句话都说得对，他们的话要不要听，怎么听，得看实际情况。

三、做一个“孝”而不“顺”的子女

有时候，“孝顺”这个词成了一些人挣不脱的枷锁。传统美德提倡孝顺，我们从小也被教导要孝顺父母，这都没错，但是我们对“孝顺”的界定有问题。

从一铭的案例里，我们看到一个现象：孝顺就是要听父

母的话，并且是听父母的一切话。一旦有一句不听，那就是不孝顺，对不起天地良心。

从小兰的案例里，我们看到一种现实：随着时代的发展，父母跟不上潮流了，在社会中失去了原有的优势。这时候，如果还盲目地听从父母的意见行事，往往会让自己也落后。

从紫萱的案例里，我们看到一个悲剧：过于顺从父母的意见却忽略了自身的感受，只会让自己成为一个活得痛苦的乖乖女。

那么，到底如何才能做一个孝顺又不迷失自我的人呢？我们需要对孝顺进行正确界定："孝而不顺。"

孝，指的是对父母有孝心，一心一意爱他们，回报他们的恩情。而"不顺"并非指忤逆，跟父母唱反调，而是父母提的意见要选择性听取。

一是，父母的意见并不一定适合自己，因为每个人都有自己的发展路线以及想法；二是，父母的思想容易受到自身的局限，用旧的方法来指导新的生活，多少都会出现偏差。

如果仅止于此，还是没找到与父母相处的最佳分寸点。在我看来，更重要的事情是要向父母表达自己的意见，把时代的新思想传递给他们。

也许有人会说，不听父母的话已经很难了，还要给他们传递新思想，难道不是在开玩笑吗？并非如此。其实，父母远比我们想象中更能够接受新事物。

举一个例子来说，几年前网购刚刚兴起的时候，许多父母都反对自家孩子网购，因为他们坚信：网上的东西看不见摸不着，购买肯定会上当受骗，还有就是便宜没好货，好货不便宜。

但是，近年来随着网购商品的质量不断提升，越来越多的父母也开始网购，我的一位同事甚至说："我妈那才叫网购达人，可以在众多商品中一眼挑中最好的，秒杀啦、优惠券啦、付邮试用啦，都比我熟练。"

父母虽然年纪大，面对新事物需要一定的接受时间，但他们经历丰富，足以判断好坏。有时候，不是父母不肯成长，而是我们默认他们老了，拒绝与他们一起成长。

不信的话，你可以找新事物试一下——不要太超前，不要有难度，不要冲击伦理，然后细心地跟父母分享，带他们一起去接受。那样你会发现，父母比我们想象的更好。

有孝心，不一味顺从，与父母一起成长，这才是我们与父母相处的最佳分寸。

打开自我的枷锁

婆媳关系是一些家庭的死穴，想解决这个问题，需要一点点分寸。

一、示例讲解

大明和丽丽结为夫妻不久，国庆节放假回家，大明要给妈妈孝敬一点钱，丽丽不高兴了，觉得大明总是给婆婆钱，对家里造成了经济负担，但执拗不过最后还是同意了。大家先看看如下几种情景。

情景一：

大明："妈，给你钱。"

妈妈："儿子，妈有钱，妈不用你的钱。哎，你给我钱，丽丽知不知道啊？"

大明："别提了，她跟我吵了一架，说我总给你钱。我说，亲妈我能不养吗？妈，你说我孝顺吧。"

妈妈："儿子，真孝顺……"

情景二：

大明："妈，给你钱。"

妈妈："儿子，妈有钱，妈不用你的钱。哎，你给我钱，丽丽知不知道啊？"

大明："知道。"

妈妈："哦。"

情景三：

大明："妈，给你钱。"

妈妈："儿子，妈有钱，妈不用你的钱。哎，你给我钱，丽丽知不知道啊？"

大明："就是她让我给的，不然，我根本想不起来。"

妈妈："真的吗？"

大明："当然是真的。妈，你还不了解我吗？我没有丽丽心细，她想得周到。"

情景四：

丽丽："妈，这是我和大明给你的钱。"

妈妈："丽丽，妈有钱，妈不用你们的钱。"

丽丽：“妈，你就收着吧，这是应该的。”

上述四种情景，按沟通效果从劣到优依此排，相信明眼人一下子就能看出婆媳关系怎样会处得更好。

情景一：大明把跟老婆吵架的事告诉了妈妈，以显示自己是孝顺的，这是错误的决定，也是直男的忌讳。要知道，儿子无论孝不孝顺，妈妈都会疼，而大明努力为老婆争取好感才是最重要的。

情景二：大明没说夫妻吵架的事情，但冷淡的回应给了妈妈想象的空间，会导致她把儿媳妇往更坏的方向去想，容易造成婆媳矛盾。

情景三：大明说钱是自己媳妇让给的，这是比较保险的做法，妈妈无论信不信都不会对儿媳妇产生恶感。

情景四：如果自己媳妇靠谱，大明就可以直接把给钱这件事交给她，让她当面与妈妈进行情感交流。

二、婆媳真的不能相处吗?

婆媳关系是一些家庭的死穴，但真的就无解了吗?

并非如此。

原则上讲，在有利益冲突的前提下，二者的矛盾确实不可调和，而这个矛盾其实就是儿子：在他人生的早年，妈妈付出了巨大的辛苦；在不离婚的前提下，媳妇要占有他的后半生，并在某种程度上分享他的时间、精力与财富。所以，正确处理好婆媳关系需要把握好两个方面：一是距离，二是一个会正确处理婆媳关系的儿子。

距离感是婆媳保持良好关系的前提条件，就像两块磁铁离得太远就无法吸引，离得太近就相互排斥。所以，想要亲密地维系感情，婆媳最好不要住在一起，甚至可以说，单个家庭最好不要跟任何非家庭成员住在一起。

一个会正确处理婆媳关系的儿子，说白了就是“双面胶”。儿子不能推卸自己的责任，如果想要处理好婆媳关系，在三观正确的前提下，他还要做一件重要的事：哄妈妈。

别问我为什么不是哄媳妇，因为这里所说的“哄”，实际上是善意的欺骗。而媳妇是你生活中最亲密的那个人，吃喝拉撒都跟你在一起，想要哄过她难度很大，也容易影响夫妻感情。

联系上面“给钱”的例子，同样的结果，只要儿子稍有处事技巧就很容易化解矛盾。而这其实一点也不难，只需要把握好分寸，虚虚实实即可。

三、把握好婆媳之间的分寸点

生活中有很多需要儿子来哄妈妈的细节，比如妈妈跟媳妇发生误会后，儿子如何在妈妈面前替媳妇说好话；媳妇不想生二胎，儿子如何在妈妈面前咬定是自己不想要。

现在一提结婚，很多女性最担心的就是婆媳关系，再加上一些媒体总是宣传“婆媳是天敌”，导致大家谈“婆”色变，谈“媳”色变。

其实，所谓的婆媳关系并没那么可怕，不过是过分的想象给自己套上了沉重的心理枷锁。比如，我有个同事，婆婆不按照她的要求来做菜，她就立即上升到“老太婆就是想把我毒死”的高度，而婆婆只要一被她指出做菜的问题，也会立即上演“不把我放在眼里，这是要气死我”的苦情戏，这实在是婆媳关系里的愚蠢行为。

如果二者能够把握好分寸，矛盾并非不可化解。比如，首先分开住，你想怎么烧菜就怎么烧，不再受对方的干涉；其次心态要好，不要天天惦记着对方想要害你；最后要有一个好儿子居中调和，两边说好话。

只要婆、媳二人都不是不讲道理的人，二者之间就没什么矛盾不可化解。

别让热心群众“玩坏”你的人生

毕竟你的人生只有自己才会对它最负责，别人都是看热闹的。

一、被围观的彭绣儿

在短短的两年里，彭绣儿恋爱、结婚、离婚，用她妈妈的话说：“姑娘，不幸中的万幸是，亲戚邻居都是关心你的。”但彭绣儿真想对着苍天怒吼一句：“我不要你们的关心，我的感情完全是被你们玩坏的！”

起初，彭绣儿中意的并不是三线小城的公务员阿强。她在上大学时有男朋友，虽然他来自农村，各方面条件都不如阿强，但彭绣儿觉得跟他在一起很“来电”，而且他有去北上广奋斗的目标和勇气，这与彭绣儿的想法不谋而合。

这时候，围观群众出场了，他们主要是亲戚邻居，并且全都以一副“过来人”的面目向彭绣儿灌输回三线小城安心工作的好处，以及公务员的优越性。

正值毕业季，爱情本不坚定，更禁不住父母亲戚的轰炸，彭绣儿选择了跟男朋友分手，开始与阿强相处。

恋爱的过程很平淡，直到彭绣儿纠结还要不要跟阿强发展下去的时候，围观群众再次出现，天天催她结婚，并说了阿强的诸多好处。

要知道，身边的人总说那个男人有多好，你也就容易被蒙蔽。于是，彭绣儿草草地与阿强结了婚。

结婚之后，夫妻感情平平。围观群众再次一哄而上，劝彭绣儿早点生孩子。彭绣儿对这事很抵触，但大家众口一词，说早育有百利而无一害。那些人抬头不见低头见，天天这样跟你说，你很难不动摇。于是，很快彭绣儿就怀孕了。

接下来的剧情就狗血了，在彭绣儿怀孕期间，阿强出轨了——对方是阿强的初恋女友，两人好了多年。孩子满月后，当彭绣儿抱着娃去某超市购买婴儿用品的时候，撞见了阿强拉着前女友的小手。

这时候，围观群众充分表现出了不负责任的嘴脸，他们都跑到彭绣儿的家里，众口一词地“翻供”了：

“当初我们就不太看好阿强，但是你喜欢嘛，我们也不好说什么！”

“唉，孩子生得早了，如果再看看情况就好了。但是，当时你都怀上了，我们能劝你打掉吗？”

面对这样的言论，彭绣儿完全震惊了。围观群众忘了自己曾经说过的话吗？而且，失忆也没有这么彻底吧？

彭绣儿终于明白：这些人不负责任。当你面对人生重大选择的时候，他们只是怀着八卦的心来随便说说——你当真了，那是你傻。

就这样，彭绣儿带着孩子草草地离婚了。接下来，围观群众再次一拥而上，问她未来的打算，下一次择偶的标准，以及单亲妈妈怎么过日子等问题。他们带着蒲扇而来，说的都是这样的话：“你别怪我们话多，我们都是为你好。我们是过来人，知道怎么应付这些问题。”

但离了婚的彭绣儿已经“涅槃”了，她不会再傻到相信那些鬼话。她微笑着说：“没想好呢，你们先坐着，我上街给孩子买点东西。”她找借口躲开了围观群众。

彭绣儿终于打定主意：接下来她会再恋爱、再结婚，但面对人生的重大抉择，她不会再把自己置身于围观群众之中了。

二、被围观的小晴

小晴今年18岁了，但她突然发现："原来，一直以来我都没有自我。"

小晴从小就喜欢跳舞，起初是自己在家蹦着玩儿，后来不知道哪个亲戚说："哟，看咱小晴这身段、这架势，不学舞蹈太可惜了，将来说不定能成大明星呢！"

父母看了看手舞足蹈的小晴，也动了心思。半个月之后，她就成了市少年宫拉丁舞班的一员，开始接受专业训练。

跳舞到了一定的阶段，小晴开始觉得疲劳。这时候，她已经上小学三年级了，成绩上力不从心，打算退出拉丁舞班来好好学习。其实，很多孩子都有这样的感受，舞蹈、唱歌、乐器演奏，一开始就是一种兴趣。

这是一个孩子难得的自觉。但是，父母不同意，亲朋不同意，大家都说："小晴你的舞跳得好啊，怎么能退出来？"甚至有人建议："有个选小演员的活动，让小晴去试试吧！"

在父母的要求下，小晴去参选了。虽然舞蹈不怎么突出，但她长得漂亮，笑起来甜美，一下子就被电视剧组选中。

这一来可不得了，来围观小晴的亲朋更多了，大家都说她是"今天的小童星，未来的大明星"。他们还不断地给小晴父母的脸上贴金："将来小晴当上大明星可以赚很多钱，你们住别墅都不是问题。"

在这种围观下，小晴父母已经失去了判断力，无论小晴是不是想要继续跳舞，他们都在鼓励她要一路跳下去，还要争取参加商演、拍广告……

其实，作为当事人的小晴已经越来越觉得力不从心了。舞蹈这种事，一开始人人都能入门，但入门之后能走多远，只有老师和舞者本人才知道。

但是，小晴被父母硬推着一路走了下去，她虽然演出不断，但学业越来越荒废了。

直到小晴上高中的那一年，拉丁舞突然不流行了，而她也因为青春期发育的原因，相貌远不如以前好看了。

小晴失去了一个个的演出机会，舞蹈特长又不足以在高考中加分，等回头再去苦追学业已是枉然——她的未来走入了死胡同。

这时候，亲朋们又来了，不过都换了嘴脸，说：

"哎呀，真看不出来小时候那么红，长大却不行了！"

"家里没有演员这条根儿，还真是天分不足！"

"孩子还是得读书，读书是正道，现在看你上不上下不下的，可怎么办？"

这些话足足把小晴全家给气了个半死，但他们一点办法都没有，你总不能冲出去对亲朋说："当初不是你们认定了小晴会红的吗？不是你们一再劝小晴要好好跳舞当大明星的吗？"

别说人家不会理你，就是理你了也不过是说："我们只是给个建议，谁想到你不争气呢，人生大事还不得由你自己做主。"

三、围观群众会"玩坏"我们的人生

说到底，人是群居动物，总会受到同类的影响，尤其是与我们关系亲密的亲朋。做一件事的时候，即使我们说"我来做主"，也不免会考虑亲朋的看法。而亲朋又可以凭借亲密关系对我们指指点点，这就有可能导致不好的结果。

这种亲密关系，每个人都会置身其中，但想要掌握好分寸却是一门重要的学问。毕竟，你的人生只有自己才能对它负责，别人都是看热闹的。

别人完全可以说话不过脑子，他们说够了，过了嘴瘾，未来出现任何问题只需要"看看""叹叹"就行了，比买戏票还有意思呢。但对于你来说，那些话足够混淆你的视听，并误导你的选择。所以，如果你足够明智的话，一定要把人生掌握在自己的手中，尤其是人生大事，别人的话听听就可以了，选择还得自己做。

千万别让那些看热闹的围观群众，把你的生活给“玩坏”了。

伴侣大于子女

原生家庭能带给我们的，是未来处理人际关系的一种思维和方式。

一、理想家庭的样子

孟汐先后谈过两个男朋友，恋爱经验虽不算丰富，但足够使她深刻地认识到，将来自己的家庭应该是一种什么样的相处模式。

第一个男朋友叫顾简，大学高才生，人长得帅气，彬彬有礼。孟汐和顾简的关系发展迅速，大学毕业时已经到了谈婚论嫁的地步。

顾简曾经对孟汐说："我要给你办一场盛大的婚礼。"但是，办盛大的婚礼需要很多钱，顾简家的条件一般，对此，孟汐担忧地说："你父母不会同意的。"

"不会的，从小到大他们都听我的，为了我，他们什么事情都愿意做。"

果然，见到顾简的父母之后，他们当即就对孟汐说："结婚是顾简的人生大事，砸锅卖铁我们也要好好办！"

感动之余，孟汐多少觉得有点夸张。后来，孟汐发现夸张的事情还有更多。原来，顾简在家里简直就是个尊贵的王子，无论什么事只要他想做，父母都没有半个"不"字。

比如，顾简想吃一种藕根制成的食品，父亲一早就骑车穿越大半个城市去买；他想穿的衣服前一天洗了没有干，第二天早晨母亲就会用吹风机一点点吹干。更有甚者，顾简午休的时候，全家人一点声音都不能发出。

顾简在家与平时判若两人。孟汐问他："你爸妈怎么这么娇惯你？"他却很自然地说："从小到大我就是家里的天王老子，什么事他们都得听我的，这很正常。"

但孟汐觉得这不正常，她对即将到来的婚姻感到恐惧。

但是，如果因为这个原因分手，是不是显得太矫情了呢？后来，整个事情爆发和终结的导火线是装修房子。

顾简虽然买了房子，但装修是个大问题。他和孟汐因为工作无法腾出时间去监督装修，然后他妈妈表态了："你爸要上班，我去给你们监督装修。"

"可到时候没有地方住。我在单位宿舍住，孟汐也是跟别人合租，你自己怎么住？"顾简问道。

"我带上铺盖住在空房子里就行了！"

孟汐急忙表示不行，毛坯房的条件那么差，怎么能住人呢？但是，顾简非常认同这种做法，还一再要求妈妈："你是去给我们帮忙的，可不能给我们添麻烦，有啥事你自己解决。"

孟汐终于忍不住了，说："不能这么做。装修需要好几个月呢，难道要让叔叔阿姨分居吗？而且，让阿姨一个人住也不安全。"

但顾简父母双双表态："我俩不重要，孩子最重要！"

对此，孟汐几近崩溃了。但接下来顾简说的话更让她崩溃："一个家庭里，当然是孩子最大，将来咱俩有了孩子也要把一切都给他。"

后来的事就非常简单了，孟汐不同意现有的方案，在顾简全家“孟汐你怎么不懂事”的责怪声中离开了。

由于被分手，顾简很难过，但出面来找孟汐讲和的依旧是他的父母。他把一切麻烦都交给父母去解决，自己则抱着侥幸的心态在等结果。但是，孟汐下定了决心不想再跟这样的男人在一起了。

第二个男友叫晓宽，他的相貌、学识都不如顾简，身边的人一度取笑孟汐是丢了西瓜去捡芝麻。但是，她和晓宽的感情非常和睦。

孟汐和晓宽谈了三个月的恋爱，然后她就跟着晓宽回了一趟他的老家。晓宽的爸妈都是普通工人，那天他们坐在大院里等着，一看到她和晓宽来了，马上迎进门来，切开一个西瓜来招待。

晓宽爸爸把第一块西瓜递给了孟汐，第二块递给了晓宽妈妈。看到这个细节，孟汐满心的欢喜。

再后来，这种和谐的氛围感越来越浓厚。

晓宽爸妈虽然对儿子领回来的准儿媳妇非常喜欢，但并没有因为孟汐的到来而改变自己原有的生活方式。早晨，他们还是手拉手去练太极剑，晚上一起出去散步。吃饭的时候，就算做了晓宽喜欢吃的红烧肉，他们也一定不会忘记自己爱吃咸菜和洋葱。

晓宽对孟汐说："我爸妈就是这样，从小我就是他俩的电灯泡，没想到年纪这么大了还是这样。"

孟汐一点都不介意，相反，在一对恩爱的老夫妻面前，她初来乍到的尴尬也消失了——在这个家庭里，她和晓宽父母的关系虽是长辈和晚辈，却更像朋友。

婚事就这么定下来了。虽然晓宽的家庭条件一般，要贷款买房；虽然晓宽的工作很辛苦，每天东奔西跑的，但孟汐在这份感情中找到了真正的幸福。

再后来，他们结婚生子，直到孩子上小学的时候他们还是像以前一样恩爱。不知道是不是心理上的错觉，他们的儿子丁丁好像比同龄孩子更聪明、更懂事，也更孝顺。

孟汐想，这大约就是理想家庭的样子吧。

二、夫妻关系一定要大于子女关系

原生家庭能够带给我们什么呢？是金钱、名誉、地位吗？是关系网吗？都不是。原生家庭带给我们的，是未来我们处理人际关系的一种思维和方式。

一个人如何处理与伴侣的关系，必定带着原生家庭的烙印。如果原生家庭里孩子是第一位的，新生家庭也会朝着"孩本位"的方向发展；如果原生家庭里夫妻是第一位的，新生家庭则会是“夫妻本位”模式。

那么，到底是“孩本位”好呢？还是“夫妻本位”更好呢？

朋友袁婷自从有了女儿朵朵之后，就没再跟老公一起睡过。她对老公说：“当然是孩子更重要，难道你舍得让朵朵自己一个人睡吗？”

这只是夫妻感情变化的一个因素而已，袁婷全身心投入到了朵朵身上，每天下班回家，聊天都是朵朵长朵朵短的；平时做菜，无论老公会不会皱眉头，只做朵朵喜欢吃的儿童食物；空余时间都是陪朵朵去游乐场，老公提议看电影之类的她从来都不去。

老公终于忍受不了，通过吵架的方式表达了不满。但袁婷的解决方法更简单粗暴，她抱住朵朵哭着说：“朵朵，爸爸不爱妈妈了，但是没关系，爸爸不要我们，妈妈还有你。”

对此，老公欲哭无泪。

终于，在朵朵上小学的时候，袁婷离婚了。朵朵判给了袁婷，那天她抱着朵朵说：“没关系，妈妈还有你，你是妈妈永远的依靠。”

但是，朵朵非常不领情，她哇哇大哭，说：“我要爸爸！就因为你，爸爸才不要我的！”

袁婷的心灵受到了打击。后来，她向我们哭诉，说朵朵怎么可以忽视她的付出。但是，我们都无法安慰她，因为我们深知她的问题出在哪里：你为孩子付出得再多，也比不上孩子看到父母恩爱得到的家庭教育效果更好。

三 掌握分寸感，成就美好生活

那么，当我们组成一个家庭后，到底该用一种什么样的分寸去经营呢？在我看来，最好的分寸是：彼此重视却又留有空间，但夫妻关系一定要大于子女关系。

一是因为，家庭的根基就是一对相爱的夫妻，没有这种关系，就不会组成一个家庭。所以，家庭关系不该被孩子的到来而冲破——一旦冲破，原有的和谐关系就会出现危机。

二是因为，孩子的两性相处观念本身就是向父母习得的。如果父母不恩爱，未来孩子的婚恋观往往也会出现问题。

在西方，一个家庭最受重视的就是夫妻关系，而不是子女关系。这种伦理设定虽然令中国人觉得冷淡，却不得不承认，这样的家庭关系可以塑造出更多独立人格的孩子。

如今，有些年轻父母往往把握不住这个分寸，或者说他们对家庭的感受是从老一辈承袭而来，一味地走在偏颇的路上，失去了家庭的和美，也失去了在孩子心中的地位，最终失去了本应该得到的幸福。

与其打预防针，不如给大惊喜

父母爱我们，这份爱是一种保护，但往往也会成为阻止我们进步的“软武器”。

一、一个升学宴上的故事

从地理意义上来说，我是一个东北人，在我们那里，面子非常重要。家里有了喜事，我们的庆祝方法往往是：请亲朋好友吃一顿。

这样，每到毕业季饭局就特别多。所以，即使家里花钱托关系让孩子上了某专科学校，家人还是要举办一场盛大的“升学宴”。而亲朋好友都要频频举杯，“祝贺贵公子升学”，不管人家考上的到底是什么大学。

在这种酒席上，往往都有父母讲话这个环节，而代表家人发言的一般都是父亲，他们激动无比，大谈特谈这种话：“我们家的孩子学习好，我们主要是这么教育的……”

不过，我见识过一次别开生面的升学宴讲话，那位父亲走上台后说：“我希望，以后我的孩子做什么事都不用再跟我商量了。”

此言一发，举座震惊，七大姑八大姨之类的都交头接耳，认为这个当爹的不负责任。但是，这位父亲非常淡定，接着给大家讲了自己的故事。

他说，从小到大他做得最正确的事，就是在想做什么事之前没有跟他爹打招呼。

当初，他在工厂里做着人人羡慕的稳定工作，但他就是不安分，想做生意。他徘徊了很久，特别想找个人商量一下，而能够给自己拿主意的人当然是亲爹了。有好几次他走到父亲的房门口，但都咬牙退了回来。

因为他知道，如果跟父亲说“我想辞职自己做买卖”，父亲一定会阻止：“你怎么那么不知足？隔壁小刘是个体户，羡慕你都来不及，再这么想，我打断你的腿！”

不久，他审时度势还是辞职下海了。当时他也“在海里呛了水”，更备受家人的不解，但后来的事实证明，他的选择是正确的。

听了这个故事，虽然我们都很动容，但这位父亲想要说服台下的各位亲朋好友还是很困难的。于是，他又说："其实，我家儿子小础也跟我走了一样的路。"

据说，当初小础选择学美术时没有跟父母商量。因为，在父母的眼里肯定是"万般皆下品，唯有读书高"，而读书一定是读"正经书"，绝不会是美术。

当时，小础也想找他爸商量一下，但后来他想："我跟我爸一说，他肯定要反对，我心里也会动摇，那还不如不说，自己做着看！"

小础还就真的"做着看"了，没想到他画画的天赋确实不错，走上了一条成功的路，最终被鲁迅美术学院录取。他爸也理解了他当初的选择，拍着他的肩膀说："行，像我儿子。"看吧，他们都是不走寻常路的人。

这是我吃过最有含金量的升学宴。

二、孩子到底要不要跟父母商量

"有事一定要找爸爸妈妈商量"，这是我们从小被家长灌输的观念。

诚然，父母是我们最亲近的人，绝对不会害我们，而且他们富有经验，有些父母还富有人脉。但是，事事都找父母商量就真的好吗?

朋友李芳开了一家咖啡馆，她梳着一头长发，穿一身棉麻服，俨然一个文艺女青年。她说:“当初我开这个咖啡馆，要去北京参加培训，又要租店面、进货……哪有这么多钱?当时我就想找我爸妈商量，但我转而一想，如果找他们商量，结果肯定不是如何筹到钱，而是干脆做不成。于是，我就自己找朋友借钱做了。”

“你爸妈不生气吗?”

“当然生气。我爸听说之后拍桌大骂，说我宁愿找朋友借钱也不跟父母讲，是拿父母当外人。但是，我觉得这事我没做错。”

我喝着李芳手制的香草拿铁，一边思考着她的话。作为一个从小到大事事都跟父母商量的乖乖女，其实我不太能理解李芳的做法，却又不得不承认，这肯定是她最好的选择。

做一件事前给父母打预防针，通常会被当作孝顺，但预防针该不该打以及怎么打，是一个值得慎重考虑的问题。如果你选择做的是一件正确的事，但有些冒险，那我觉得还是告诉父母为妥。

首先，父母是爱你的。

爱是一种保护，同时也是一种阻碍。父母怕我们受到伤害，就会阻拦甚至禁止我们做一些他们认为有风险的事。比如，有人想放弃公务员的工作去国外深造，这明明是一件好事，但父母通常会百般阻挠：“一个女孩子家出国了多么危险，在国外吃也吃不惯，住也住不好，太辛苦了。”即使知道出国深造对孩子的未来有益，他们也会这样做。

另外，父母有经验。世事往往各有利弊，有经验是好事，但有时候也是坏事。

有一个实验是这样的：一只猴子被实验员关在笼子里，角落里放着一根通了电的香蕉，所以，只要一摸那个香蕉，猴子就会触电，感觉很疼。几次之后，它就有经验了，知道那个香蕉不能摸——即使饿得前胸贴后背也不肯再去摸。

接着，实验员又往笼子里放了一只小猴子。小猴子没经验，伸手就去抓香蕉吃，结果每当靠近香蕉时，老猴子就会吱吱地叫，以此阻止它。小猴子虽然不明所以，但也对香蕉敬而远之了。不过，它们不知道的是：缠绕在香蕉上的电线早就撤了。

所以说，父母如果总是站在“过来人”的角度教育自己的孩子，结果并不一定好。因为，时代在发展，过去的经验未必就适合现在的潮流。悲哀的是，有很多孩子就这样被耽误了。

综上来看，孩子与父母进行沟通自然是好的，但沟通什么以及怎么沟通，我们需要把握好分寸。

三、父母应该参与我们的人生

也许有人会说："我的人生，我的成功，如果不让父母参与那就不完美了。"

的确如此，在这个世界上，恐怕没人比父母更希望子女成功了。如果我们的成功不能跟父母分享的话，那我们确实于心不忍。所以，我认为：与其在事前打预防针，不如在事后的惊喜上做文章。

莉莉是我们单位的编外用工，工作做得风生水起。有一天她突然辞职了，问其原因，她神秘地一笑，说："我的理想是做一个自己的服装品牌。"

莉莉并非服装设计专业出身，所以想要直接去做服装行业实在是难上加难。而且，她的启动资金也远远不足，如果向父母要钱，父母一定会阻止她——她索性就找了一份工作先做起来，然后安心地等待机会。

终于，不久前机会来了。莉莉去参加省里的茶道大赛拿了一等奖，得了一笔资金——虽然不算多，但作为生意的启动资金是够了。此外，她因为学茶艺结识了很多志同道合的朋友，大家一商量，决定一起做一个茶服品牌。

当时，“茶服”的概念已经烂大街了，各种茶服店琳琅满目，并不稀罕。但是，莉莉一众人都有干货，能够把握住茶服的精髓，再加上不怕吃苦，其中又有几个阔太太做后盾，一个高端的茶服品牌还真就做起来了。

某一天，我在莉莉的朋友圈里看到了她亲自做模特的照片，背景取自南京的朝天宫，金瓦红墙，碧树影摇。她虽然没有惊世容颜，也没有一般模特所具备的大长腿，但立在那里就像一个真正的茶人。

我想，莉莉能够赢得客户绝不是偶然的。

在做生意前，莉莉没有给父母打预防针。她知道，如果告诉爸妈“我想辞职去做生意”，那一定会引发一场家庭大战，所以，她采取的是迂回战术。她说，她要去参加茶艺培训，这是父母能够接受的；后来参加茶艺比赛，父母也是支持的；再后来辞职去做茶服生意，只是告诉父母自己帮朋友去做，那也在父母可以接受的范围内。

等到爸爸 58 岁生日那天，莉莉才把已经做出的成绩给爸妈看。那天，她说要送给爸爸一个礼物，就径直带爸妈去了自己的店。进店之后，爸妈就夸这店看着不俗，有档次，衣服漂亮、质量好，服务态度也让人舒服。

莉莉说，她有这家店的会员卡，可以免费赠送一件衣服，让爸爸自己挑一件。当爸爸把那件真丝对襟宝蓝色上衣穿在身上的时候，她才说："爸，这是我自己的店，这件衣服也是我设计的。"

后来的故事就不赘述了，总之是赚人眼泪的一幕。这场惊喜令两位老人容光焕发，同时也给年轻人提供了一个思路：父母有资格参与我们的人生，我们也应该鼓励父母参与，但参与方式可以有所不同。

当你想要独自闯荡的时候，与其先给父母打一剂令其忐忑、并可能阻止自己的预防针，不如在成功的那一天把最甜美的果实送给他们。其中的苦，我们自己品尝就行了。

掌握好分寸，我们只需让父母看到自己最好的一幕。

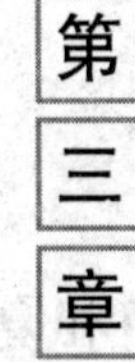

第三章 对伴侣的分寸感

聪明的女人应该懂得适可而止，要学会把握干涉他人的分寸，管理好自己得到幸福后的情绪，那样的幸福才会绵长。

亚当和夏娃

亚当和夏娃虽然可以同在伊甸园生活，但他们想的以及想要的东西都有着巨大的分歧。

一、三个女人一台戏

三对夫妻凑在一起搞周末聚会，自然形成了三男一桌喝酒、三女一桌喝茶的格局，聊天内容自然也有所不同。

三女那一桌，陈太太摸着林太太的手说："哎呀，又换新的宝石戒指了，真好看。你家大林就是好，总给你买礼物，你说你怎么那么幸福呢。"

林太太把戒指在阳光下晃了几下，光芒四射，然后她抓着陈太太的手，说："戒指呢，大林确实没少给我买，但他给我买戒指也有原因，我成天干家务，手都粗糙了，再不戴漂亮的戒指装饰一下，还能见人吗？倒是你，你家陈先生才是真好呢，一点家务都不让你干，你的手还像小女生的那样细嫩呢。”

陈太太点点头，说：“那倒是真的，老陈确实很宠我，一点重活都不让我干，尤其是洗菜洗碗这种伤手的活儿更是不让我碰。”

林太太脸色有点不自然，她转头问孟太太：“你怎么样啊？最近听说你又出书了呢，知识女性真叫人羡慕。”

孟太太笑笑，说：“我哪里是什么知识女性，你们又不是不知道，我们家老孟是出版社副社长，他只是找人写本书冠上了我的名字而已。这又有什么用呢，我又不要考博士当教授评职称。”

陈太太和林太太都不作声了。

于是，一场话谈下来，陈太太羡慕林太太的老公有钱可以买珠宝，羡慕孟太太的老公有势可以帮老婆冠名出书；林太太羡慕陈太太有老公宠不用做家务，又看不起孟太太那骄傲的炫耀劲；孟太太心里也是一肚子的委屈，她想：别人家的老公又帮做家务又陪着逛街，我老公只会整天想着出版再出版。

三个女人在聊天，谁的心里都不痛快，准备晚上回家跟老公闹一场。而此时此刻，三男那一桌却是另外一番景象。

陈先生：“宝马新出的 SUV 真不错，你们看了没？”

林先生：“我觉得不行，新出的牧马人那才叫带劲。”

孟先生：“谈车没意思，喝了酒就不能开，限制太多。晚上我审校完书稿，就爱看欧洲杯。”

然后，三个男人就聊起了欧洲杯的赛事，越聊越欢。是的，他们谁也没想起比较一下彼此的老婆，因为，在他们的心里，老婆好不好自己知道，比什么劲呢？

所以，三个男人的聚会开心得不得了。而旁边的三个女人，看他们笑得很大声，心里都在嘀咕：“是在议论我们吧？肯定是觉得别人家的老婆好呢。”

二、乔梅的故事：婚姻里不能讲“标准”

乔梅结婚三年了，夫妻感情波澜不惊，日子过得平淡如水。几天前，同事非给她推荐一个爱情指南类公众号，让她一定要关注，还说：“关注这个号，你就知道老公好不好了！”

有这么神奇吗？

乔梅当即就关注了。进入公众号后，她发现这里有大量的“标准帖”，比如：“好老公标准十二条”“做到这五点，男人才是真爱你”“这七点，如果老公做不到趁早要离婚”

“幸福家庭一定要满足这八条”……凡此种种，不一而足。

这样的标题非常吸引人，哪个女人不想看看自己的老公是不是达标呢？点击进去，一一对照，乔梅越看越入迷，渐渐地连觉也不想睡了，到了午夜还对着幽幽发光的手机屏兴致勃勃地看着。

终于，乔梅把最近几个月的“标准帖”都看完了，她揉了揉酸痛的眼睛，突然产生一阵幻灭感：按照这上面的标准来看，我老公根本就不达标。我真的幸福吗？比如说，我看手机到这么晚，他都不劝我睡觉——“好老公标准”里有一条：好老公要关心老婆，每晚哄老婆早睡。

想到这里，乔梅气不打一处来，她故意在床上弄出很大的声音，想把老公惊醒。偏偏老公睡得很沉，完全没反应。

听着老公那均匀的鼾声，她的眼泪啪嗒啪嗒掉下来。这过的是什么日子啊，他根本就是不合格的老公！

打那之后，乔梅开始看老公不顺眼了，每天都跟他争吵，而争吵的内容全都是“标准帖”里的内容。

比如，好老公一定会抢着做家务，绝不让老婆伤手——而乔梅家里，永远都是她做家务。又如，好老公吵完架后一定会第一时间来哄老婆，无论是不是老婆有错——而乔梅家里，吵架后都是各自分开睡，谁也不去哄谁。再如，好老公要把节日、纪念日全都记牢，每次都送礼物——而乔梅家里，除了生日，别的纪念日都是风中飘过。

想到这些，乔梅越来越感到委屈，也就越吵越凶。终于，在老公怒吼一句“不可理喻”后，她摔门而出，躲到了好友阿廖的家里。

阿廖是离异女性，“收容”了正在哭泣的乔梅。乔梅说：“以后我要跟你一样了，我也要离婚，他根本就不是我要找的老公。”

“哦，那你想要的老公是什么样的呢？”阿廖问。

“就是……也不要他多有钱，也不要他有多帅，只要他这样……”乔梅把手机打开，翻出了各种好老公标准的文章。

阿廖大致地翻了几页，笑得差点晕过去，说：“这上面写得轻巧，不要有钱、不要帅气，只要真心以待，但你觉得符合这种标准的男人真的存在吗？”

“如果不存在，人家怎么会写？”乔梅翻了个白眼。

“正因为这样才会写，写出来做一个遥不可及的梦，等着大家都朝这个标准靠拢。”阿廖语重心长地说，“每个人对爱的理解、爱别人的表现都不一样，比如你的老公，抛开那些标准，你觉得他真的不爱你吗？”

乔梅放下手机，呆呆地想着。

诚然如此。

标准一：乔梅老公不做家务是因为他工作特别忙，早出晚归的，但他这样做也是为了多挣钱。

标准二：吵架的时候老公从来不哄乔梅，但细想想并不是他不肯哄，而是他嘴笨，从来不会说什么好听的话。

标准三：关于节日、纪念日都要送礼物，这一点乔梅老公确实做不到，但乔梅又想起他曾经说：纪念日要幸福，那平时就不要幸福了吗？咱们平时就挺好的，想出去吃大餐，想买礼物，难道一定要等到纪念日？

乔梅一个个想下去，居然想出了老公那么多的好处，眼泪又禁不住流下来。

阿廖拍着乔梅的肩膀说："珍惜现在的幸福吧，如果有一天你老公犯了原则性的错误，比如出轨——像我这样被迫走到要离婚的境地，你就会明白，曾经那些合不来的'标准'全都不重要。"

这时候，乔梅的手机响了，是老公的电话。她怀着一丝愧疚接了，心想：一会儿就乖乖地跟老公回家，并且把那个无聊的订阅号删掉。

三、读者枫水的故事

几年前，我写情感专栏，曾收到一个化名为枫水的读者来信。她说：“邻家少妇总是对我老公抛媚眼，真心害怕老公会出轨。”

看到这封信，我呆住了。那么，如果有女人主动送上门，而且对方不需要男人负责，男人会不会拒绝呢？

我很想对枫水说：“放心吧，一个男人只要爱你就不会出轨，你要相信爱情！”但是，这样的话连我自己都不太相信，因为绝对的专一往往只出现在电视剧里，对于人性，有时候真的不能太高估。

那么，是不是女人永远都要活在这样的噩梦里呢？只要有女人主动送上门，就得放任老公对她宽衣解带？

事实并非如此。我曾经看过一个鸡汤故事：有个人说他的舅舅和舅妈恋爱多年，在领证的前一天，舅妈问舅舅：“现在咱俩这么相爱，十年以后，你还会不会这样爱我？”

舅舅的答复是：“那说不准。”

这是个“天雷滚滚”的答案，在领证前夕，难道不应握着对方的手说：“我会爱你一辈子！”然而，正因为这句话，舅妈更加坚定了跟舅舅领证的信心：“他说的是实话。”

婚恋关系往往如此，在考验没有来临之前，一切都无法确定，真实的答案就是“说不准”。所以，我们只要朝着好的目标努力就行了。

最后，我给枫水的建议是这样的：

我无法估计你老公是否会拒绝邻家少妇，但要明确一点：全楼的邻居有很多，为什么她总是朝你老公抛媚眼呢？任何调情都是相互的，有时候还是要关注更本质的东西。

即使你很优秀，你也要努力争取经济独立，并把握家庭的财政大权，不给其他女人觊觎的机会。

如果是你老公给邻家少妇释放了某种信号，这种情况就要小心了。这时候，男人百分百抗拒不了诱惑，因为诱惑就是他创造的，他一直在等待机会。

写完这些话之后，我心里虚虚的，因为我打心眼里觉得这事有点危险。过了一段时间，枫水回复了我，可谓字字血泪。她对照我的回信开始观察自己的老公，发现真的是他给邻家少妇发出了信号，所以人家才会主动送上门来。

四、每个人都有本质上的区别

这就是男人与女人的差别。亚当和夏娃虽然可以同在伊甸园生活，但他们想的以及想要的东西都有着巨大的差别。

一是生活空间。

女人凑在一起的时候，往往最爱聊老公，或者是与家庭紧密相连的孩子，对于她们来说，老公好才是真的好。但是，对于男人来说，大家凑在一起很少聊彼此的老婆，他们觉得聊共同兴趣才最有意思。

二是对配偶的标准。

男人和女人对配偶的要求有很大的差别。男性一开始对女性的要求高，但结成伴侣之后会迅速认清“人无完人”的事实，并逐步放低对配偶的标准。

但是，女性对另一半的标准却在不断地提高，且容易受到各种因素的影响，从而力求把伴侣塑造成一个完人。“别人家的老公怎么怎么样，你怎么就不能……”诸如此类，都是女性对配偶常见的责怪。

三是对诱惑的处理。

不得不说，面对诱惑的时候，男人和女人的处理方式完全不同。女性会停留在心理愉悦的层面，她们很高兴有人喜欢自己，很开心有诱惑出现，但进一步行动的勇气却不足。而男性往往在心理层面愉悦的同时，会迅速地开展行动。

所以，说到底，亚当是亚当，夏娃是夏娃，无论他们多么相爱、多么默契，区别依旧足够令人咋舌。

开放与洞穴

我们要为自己和伴侣准备一个洞穴，在藏与露之间找到最佳平衡点。

一、关于男人的洞穴

“对不起，老婆，刚才我对你发脾气是我的不对，因为我今天心情不好。”

“抱歉啊，你看我还动手了……唉，今天我被老板训了，太难受，没控制住。”

“我……我，压力太大了，说你几句你要体谅。”

这些话觉得耳熟吗？我想，或多或少你都听过一些吧。不过，前段时间我收到一封化名虹小红的读者来信，上面几句话就是她和先生的实例。

“我该怎么办？其实他对家庭也蛮负责的，但他喜欢骂我，过后就道歉。他是家里的顶梁柱，工作压力也确实很大，所以每次我都会原谅他。可是最近，他居然开始打我了，过后还是道歉。”虹小红问，“我要怎么办？继续忍耐、原谅他，还是分开？”

看到这封信，我觉得非常棘手。如果单纯是一个出轨男或家暴男，我可以义正词严地教她分手，并顺便骂一顿以泄愤。但虹小红的情况很复杂，显然她先生还残存着理性，而且他有非常正当的理由：我支撑着一个家，我压力很大。

深夜，我打电话给一个夜猫子老同学，他算是成功男性，老婆闲在家，他独自供着全家的开销以及北京昂贵的房贷。我问他：“你会不会（像虹小红先生）这样？”

老同学犹豫了一下，说：“也许这话说出来很直接，但有时候你们女人真的很烦，会让男人想要挥拳头。”

我当时就急了：“那你会怎么处理？真的会打老婆一顿吗？”

他急忙说：“那不会，我和我老婆感情很好。”他说，他不会骂她，更不会以“我压力大”“我心情不好”“我控制不住”之类的理由来打她。因为，在他看来，就算她再烦人也不是不可沟通——否则当初为什么要选择跟她在一起呢？既然认准了，他相信她会理解自己。比如现在他很累，不想说话，但过后他会告诉她："当我不想跟你说话的时候，并不是不爱你，只是我需要独自思考和休息。"

这种交谈是一种最负责任的方法，而不肯谈，一味发泄，则是一种懦夫的行为。男人压力再大，也不能把女人当成负面情绪的发泄对象，因为她是你娶回来的老婆，不是你买回家的情绪垃圾桶。

听完这话，我思考了很久。有很多问题从女人的角度来看，与从男人的角度来看完全不一样。所以，我在给虹小红的回信里问道："你老公情绪不好的时候，你会怎么做？"

虹小红回复："我会陪在他身边，让他把心中的不满说出来，再给他讲道理。"

我找到根本原因了，于是再次回信如下：

首先，你要理解你的老公，也许他的压力超乎了你的想象。当他真的很烦闷时，你不要再凑上去给他精神压力，更不要以爱的名义逼迫他向你复述工作细节。

男人在精神上是穴居动物，很累的时候喜欢把自己藏起来，这时你不要冲进他的"洞穴"里逼他出来，而应该静静地等在洞口让他主动出来找你。

如果这样还不行，他还是伺机找你的麻烦，那请你大胆地跟他说："我是你的爱人，不是你负面情绪的垃圾桶！你压力大，我体谅你，但不能成为你无休止进攻我的理由。"

在上面的故事里，涉及一个非常重要的名词：洞穴。

很多女人在结婚后会产生失落感，认为老公对自己的爱远不如结婚前。这不仅表现在老公再也不说情话，再也不带妻子去旅行，而更多的表现在：下班回家之后，他更想自己静静地待着。

这时候，女人将会表现出极大的不解：这是怎么回事？他有什么心事不能跟我说吗？他肯定有秘密，他不爱我了。天啊，怎么办，我的婚姻要完蛋了！

看吧，每个女人的内心都有一万种戏本。

实际上，男人可能只是想静静地坐着，或者做点自己喜欢的事情——他想的远没有女人那么复杂。

刚结婚的那段日子，我也遇到过这样的问题。

上大学的时候，男朋友超喜欢跟我聊天，无论他遇到什么挫折或者有了心事，一见到我就变成暖脸，这曾令我无比自豪。但是，随着婚姻的开始和工作的忙碌，他越来越多地进入了一种独处模式。

作为一个好奇的双子座宝宝，我当然要探寻老公到底在做什么。后来我发现，他总是对着家里的鱼缸发呆，对此，我挺生气：家里有那么多家务要做，你怎么有空看鱼缸？

好在我咬住了牙，没有一股脑地发脾气，而是静静地对比他在看鱼缸前后的反应。我发现：如果某天工作压力大，心情不太好，他看鱼缸的时间就会变长。而且，看完之后他的情绪会变好。

我恍然大悟：这可能是老公解压和恢复自我的一种方式。

心理学家说，每个男人都有一个自己的洞穴，这是他精神世界的“隐蔽所”，也是他退避与休憩的心灵圣地。在这里，没有任何事情可以打扰到他，他会把问题反复斟酌与权衡，从而尽早去解决。

这时候，如果女人强行介入可能会适得其反——男人没有在洞穴里完成充电，就会积累更多的负面情绪。

二、关于女人的洞穴

结婚之后，再美的容颜也会看腻，再多的激情也会被磨灭。那么，如何才能让老公日复一日地爱着逐渐老去的老婆呢？勤做保养吗？培养情趣吗？变得更优秀吗？

这些都有道理，但有个极为有效的方法往往被人忽略，那就是：婚后，先把你的优点藏起来！

我有一名高中同学晓帆，她最大的优点就是爱干净，即使在高中繁重的学习生活中，她也会时刻保持整洁的外表，早来晚走，义务为班级打扫卫生，大家都对她赞不绝口。由于我的座位离她很近，所以近水楼台先得月，我得到了保洁阿姨般无微不至的照顾。

后来，晓帆考上了不错的大学，毕业后成为月薪不低的白领。我想：这样的女人，老公一定会爱得要命吧？然而，我想错了，几天前我才听说她离婚了。

同学聚会的时候，有人很八卦地问了一句晓帆的近况如何，她哇的一声哭了。

她说："我哪里不好？他新找的狐狸精我见过，并不比我年轻，没什么正经工作，也不漂亮！关键是，那女人懒得要命。我天天给他打扫卫生，他从来没有夸过一句，现在，那个狐狸精洗一次床单他都发朋友圈表扬！"

我们都沉默了，有同学责怪说她前夫脑子有问题，但我觉得不一定如此：是晓帆把自己最大的优点在婚后毫无保留地暴露了出来，以致老公迅速地对她的优点麻木了，最终视而不见。

一个懒女人只要洗一次床单，男人都会觉得"好有进步"；而一个整洁如晓帆的女人，跪在地板上洗刷大半天，男人也未必会夸上一句。同理，这也可以追溯到其他优点上去。

我有两个女同事，姑且称 A 和 B。A 脾气超级好，婚后完全展现出温柔可人的一面，并以为会换来婚姻永远的美满。不承想，某天因为婆媳闹了别扭，她摔了一件东西，老公就吵着要跟她离婚："你居然变成了这种不可想象的样子！"

B 的脾气不太好，总是会生气、闹别扭。有一次，老公丢了几千元现金，以为回家后必定会挨一顿大骂，不承想，B 却温柔以待，好语安慰，引得老公泪水涟涟。

A 不平地对 B 说："我从来不骂老公，他怎么不像你老公那样感恩戴德？"

B 笑而不语。

综上，可以总结出一个道理：在婚姻里，如果一开始你就做到了 100 分，那么，你只要降为 90 分就会被对方责怪；如果一开始你就有所保留只做到 70 分，那么，未来你的任何一丝进步都会成为男人眼里的惊喜——他会觉得你在不断地改变，充满了新鲜感。

这也正是优秀女性反而会在婚恋当中不幸的根源。

三、藏与露之间的分寸

上述故事涉及的还是洞穴的问题。

相比于婚后男人“喜欢把自己藏起来”，女人更倾向于“把自己露出来”。婚恋当中，女人往往会把所有的优点都展现给另一半，为的就是告诉他：“你看，这就是本真的我，请你爱我。”

这种坦诚当然令男人感动，但婚姻毕竟是一条漫长的路，如果一开始就把所有的风景都展现过了，后续的风景永远超越不了之前的美，那么，到底会有什么力量支撑男人继续走下去呢？那恐怕就是道德了吧。但是，用道德支撑的婚姻有点悲哀。

所以，在我看来，女人也得给自己留个洞穴，不是用来藏身，而是用来藏宝——自己有什么潜能、才华都小心地藏在里面，不时地抖出一个来，给对方以阶段性的惊喜。那样，对方会觉得，在人生路上与你相伴，总是能够看到你的成长，你的进步，你的与众不同，不继续爱你都不行！

说到底，婚恋需要我们打开自我，同时也需要给自己准备一个洞穴，在藏与露之间找到一个最佳点——那就是幸福的所在。

亲密与情绪

绝大多数人走进婚姻是因为爱情，绝大多数人走出婚姻却是因为情绪。如何在亲密关系里处理好负面情绪，这是一个难题。

一、正面事例

晓芳去参加同学聚会时发生了一件不愉快的事，险些造成家庭矛盾。

这件事起源于一个八卦问题，大家喝得迷糊的时候，有一个女同学说："大家都讲讲自己跟老公是怎么在一起的呗，别人介绍的还是自由恋爱，都说说看！"

这个话题深受欢迎，女同学们都讲起了自己跟老公的恋爱史。有的同学是在大学图书馆里遇到了现在的老公，他帮自己取高架上的书，所以充满书香地认识了；有的同学是在大雪天加班，晚上不敢出写字楼的门，遇到其他部门的男同事也加班，从此就认识了；还有的同学是坐火车去旅行，在旅途中浪漫地邂逅了自己的老公。

反正个个都很浪漫，最后轮到晓芳了，她是实在人，就实话实说道："我三姑说我的八字不太好，能够找到合适的对象很难，恰好朋友认识一个男生的八字跟我相合，就说凑在一起聊聊看，然后就……"

"原来是介绍认识的，还是因为八字相合才在一起的啊！"同学们哄堂大笑。

其中一个女同学还问："那你们真的有感情吗？"

这句话深深地刺进了晓芳的心口，她当场失语。当天晚上回家，她把老公从被窝里拉出来，问："咱俩的相识一点也不浪漫，从恋爱到结婚也快得吓人，你说咱俩真的有感情吗？"

老公无奈地说："我好困啊，明天还要早起上班，让我睡觉吧……"

于是，这次聚会就成了导火索，晓芳的耳边总是浮现出大家的说笑，她开始感到自己的婚姻一点也不浪漫，好像是为了结婚而结婚的。再加上老公对这个问题总是持冷漠的态度，于是她越想越气，最后居然拎着箱子“离家出走”了。

但是，已婚女人还能跑到哪里去呢？

晓芳在离家不远的一家便捷酒店住了下来。当天晚上，她发现自己忘记吃慢性咽炎的药了，这才想起来平时都是老公帮她找出来放在床头，今天晚上没人给自己找了。

到了半夜，晓芳上洗手间，听到风吹窗户发出呜呜的响声。她从小就胆小，平日里这时她不管老公睡没睡着，肯定往他怀里一钻，求抱抱。

原来，老公有这么多好处。此时此刻，晓芳止不住地想哭。恰在此时，她的手机响起提示音，是老公发来的微信语音：我知道今天你想出去静静，我也知道你不会离开我，所以我不拦你。但我想告诉你，我们幸不幸福并不取决于当初是怎么认识的，就算相识再平常，都不妨碍我们每一天都相濡以沫，我们的爱情不需要别人乱讲。

重复听着这段语音，晓芳落下泪来。

第二天，晓芳就拖着箱子回家了。一切都像出走前一样，桌上有她喜欢吃的荔枝，床头有老公准备的治慢性咽炎的药，还有老公宽容的笑脸。只不过，晓芳还是有点不甘心：“以后再有人问咱们是怎么认识的，我可怎么说？说八字相合之类的好无聊。”

“你就是傻，别讲那么详细。你就说：‘我和我老公……嘿嘿，我们的相识是命中注定的，天机不可泄露！’”

没错，命中注定的事情是天机，不可泄露！晓芳开始幸福地大口吃荔枝。

二、反面事例

几天前，一个朋友向我哭诉：“结婚才一年，老公就埋怨我不懂事、总是‘作’，说我的温柔、贤惠都没了，说以前我都是装的。我是一心一意爱他的，我好委屈！”

关于这个问题，除了递几张纸巾之外，我只能默默地说：“我当专栏写手的时候也收集到几个非常典型的案例，现在跟你分享一下。”

案例一：晓婷是一个非常通情达理的女人，老公应酬晚归，她从不生气，还细心地放上一杯解酒的乌梅蜂蜜水。老公出差，她也绝不夜夜打电话查岗，她说：“我相信我老公。”

这样一个女人深得身边一众男人的羡慕，他们回家都跟老婆说：“你看看晓婷，那才是好老婆！”

但是，很快男人们都不讲了。因为，某天晓婷的老公提前结束出差，回家想给老婆一个惊喜，结果发现“隔壁老王”就在老婆的床上。

案例二：孟娇与别的女人不同，每月老公发工资的时候，她几乎从不伸手要。有一次，老公动了小心眼，故意不把当月工资上交，没想到孟娇也不生气。倒是老公不好意思了，过了一周才把工资交上去，还问："你怎么不管我要钱了？就不怕我藏私房钱？"

孟娇微笑着说："我想着你可能是忘了，又何必催呢。再说了，就算你没忘，不交给我肯定有你的用处——我老公要用钱，我支持。"

这一席话让老公感动得不行。一时间，身边的许多男人都埋怨老婆把自己的工资管得太紧，连私房钱都藏不下，一对对夫妻为此没少争吵。

但是，很快大家也不闹了。因为有人传出来，孟娇之所以不向老公要钱，是因为她跟自己的上司好上了，每个月到手的零花钱多得很，哪还用惦记老公那点死工资呢。

上述两个案例都反映了一个问题：当你的老婆不关心你的工资，不跟你吵架，不天天查岗，不愿意费点心来管你的时候，你不要太开心——那往往并不是因为老婆通情达理、温柔贤淑，而是她的心里可能已经没你了。

所以，我只能告诉这个朋友，当下次你的老公再嫌你"不懂事""脾气不好"的时候，你就给他讲上面的例子。

你要告诉他：我不懂事，是因为我爱你，你的事我都放在心上。等到有一天，我不吃醋、不生气、不管你的时候，你表面上顺心了，实际上也失去了我的爱。

但是，令我非常意外的是，一年后我的朋友还是离婚了。我恍然觉得自己做了“猪头军师”，只一味证明发泄情绪的合理性，却忘了告诉她应该处理好自己的情绪。

三、在亲密关系里处理愤怒的情绪

绝大多数人走进婚姻是因为爱情，绝大多数人走出婚姻却是因为情绪。

从小到大，父母就教导我们要控制好情绪：上幼儿园的时候，父母告诉我们，跟小朋友一起玩要注意谦让；上中小学的时候，父母告诉我们，即使被老师批评了也要尊师重道；上大学的时候，父母告诉我们，舍友之间有了摩擦要包容；工作以后，父母告诉我们，进社会了不能随心所欲，事事都要忍耐……

而婚姻呢？即使父母告诉我们“夫妻之间要好好相处”，但由于夫妻关系过于亲密，很多人都无法控制不良情绪。

上文中的正反例子简单且有代表性，告诉了我们一些道理。

第一，你的负面情绪是不是“无名火”？

事例一里的晓芳，她发的就是“无名火”。并非是老公做错了什么事引起她的不满，而是一些捕风捉影甚至居心叵测的人的言论引起了家庭纠纷。从读者的角度来看，大家可能会觉得晓芳不可理喻，但反观我们的婚恋，这种无来由的负面情绪时有发生。

有时候在单位受了委屈，在领导和同事面前不敢表露，一回到家就找茬，与配偶吵架；有时候心情烦闷，觉得自己做什么事都不对；出门在外遇到了旧友，自己过得不如人家幸福，妒忌心一起，回家就会对配偶横挑鼻子竖挑眼……

这种无名火最容易伤害夫妻感情，受者莫名其妙，自然会有激烈反应；而发火者无理无据，可能会“翻旧账”来扩大影响。

在这种情况下，双方的争论没有焦点，往往就会通过“放狠话”的方式来增加自己的攻击力，平时不敢说出的重话在这时候都会说出来，夫妻感情越吵越破裂。

无名火的杀伤力如此之大，我们当然要学会控制。在吵架之前，一定要先想想：对方真的犯错了吗？我能够在争吵后得到什么？

第二，你是否能够认清自己与配偶的位置？

事例二中，朋友婚姻的失败是因为想当然，觉得“你应该理解我，我冲你发火都是因为我爱你”。

这其实是一种流氓理论，我们向配偶发火是出于爱。街头流浪汉衣衫不整，我们不会理他，如果自己老公穿着不合适就一定要说几句。但是，对于配偶来说，被发火终究有一种“被伤害”的感觉。

那么，如何控制这种情绪呢？

我们要深深地理解：爱是真的，但不是借口。即使出于爱，我们也要认清“夫妻平等”这一事实，不能以爱之名把自己的坏情绪全都发泄给对方。如果当初我能告诉朋友：“你虽然爱他，但也不能太作。”那么，今天一切可能都会有所不同。

说到底，婚姻是一门“相处学”，而且是最难的一门相处学——对方是你最亲密的人，也是你寄予期望最多的人。步入婚姻后，既要亲密又要谨慎，既能发脾气又要控制脾气，这其中的分寸值得我们用一生去探索。

另外，在我完成此文时，恰好同学娇娇哭着来找我，说：“老公不让我看他手机！”

“不让看就不看呗，你玩自己的。”我正在码字，没理她。

娇娇哭得更惨了，说：“不是！他的手机不让我碰，而且他还对我甩了狠话，说如果我再看他的手机，他就要跟我离婚！”

这就有点过分了，我从中嗅到了危险的气味。按理说，男人或多或少都会反感老婆翻看自己的手机，但也不至于特别抵触。所以，如果一个男人发展到“翻看我的手机就离婚”的地步，确实有问题。

偏偏娇娇的老公大鹏我也认识，他是一名高中数学老师，人老实，不像是“有问题”。于是，我找了个机会跟他聊聊。我问他：“为什么那么排斥娇娇看你的手机？娇娇也是关心你，对你的行踪有好奇心很正常。”

大鹏叹了一口气，给我解释了原因。

原来，起初大鹏也是让娇娇随便看手机的，但她并不是乖乖看了之后就算了，而是要问长问短。

“这个女人是谁？最近你跟她说话了？”

“看你同事的朋友圈，他又给老婆买花了！”

“你看你看，你怎么不告诉我大强又买了新房子？就你没本事，咱们住的还是小房子！”

“昨天你和你妈聊天了？怎么还有撤回的消息呢？你们说啥了？”

“你怎么又在群里发红包了，你有病是吧？咱家很有钱吗？”

大鹏本是个喜静的人，渐渐地就受不了这种唠叨的痛苦，他只能选择一种简单的方式来应对：“你别再看我的手机了，再看离婚算了！”

听起来娇娇像是受了天大的委屈，但现在来看，事实并非如此。我不再同情她，反而觉得更需要做心理工作的是她。

有的人总有得寸进尺的毛病，当别人让步对他好时，他往往忽略了对方的好而变得吹毛求疵，许多家庭问题由此产生。

所以，聪明的女人应该懂得适可而止，要学会把握干涉他人的分寸，管理好自己得到幸福后的情绪，那样的幸福才会绵长。

浪漫与世俗

一、“野花”的故事

晓伟和苗苗从上大学就开始谈恋爱，然后步入婚姻殿堂，再到贷款买房，最近又准备要孩子，似乎一路都顺风顺水。不久前，他们听说了邻居陈先生出轨的事后，给他们俩平静的婚姻生活带来了波澜。

苗苗认为这事不可思议：“怎么会呢？我见过陈太太，她胖胖的，和气又贤惠，还是大学讲师，有文化、有气质，陈先生为什么要出轨？”

晓伟却觉得事出有因：“我承认陈太太这人是不错，但她没有女人味，陈先生出轨是正常的。”

苗苗不服，说：“陈太太哪里没有女人味了？人家会做饭，会带孩子，也天天穿裙子，一点不缺女人味。”

晓伟无奈地摇摇头，说：“不是那样的，女人味就是……能够刺激到男人，就是‘野花’的那种感觉。所以，陈先生出轨真的可以理解。”

这件事让苗苗产生了深深的危机感，原来在女人嘴里如此不齿的“出轨”，在男人的眼里却是正常的。不行，一定要扭转老公的观念，苗苗就说：“既然我对女人味的理解有问题，那么，我也想试着给你当当‘野花’，让你找找女人味。你觉得怎么样？”

晓伟听后两眼放光，点点头说：“那当然好，老婆你有这样的觉悟，太棒了！”

于是，双方约定当“野花”的实践期为一周，事事都要按照真实情况来。

第一天，晓伟兴高采烈地下了班，手里还捧着一束玫瑰花。苗苗在窗口远远地看到晓伟回来，她心里特别不是味儿：“哼，平时当老婆的时候从不给我买花，当‘野花’之后，你舍得给我买花了。”

苗苗迅速把外套脱掉，穿着漂亮的连衣裙躺在沙发上，静等老公回来。果然，鲜花加连衣裙对两个人的刺激都不小，当即就亲热了一番。亲热过后，晓伟拍着肚子说：“行了，咱们吃饭吧。”

“好的哦，那我去换衣服。”

“换衣服？你想出去吃？”晓伟问。

“当然了，这么晚了还做什么饭。再说了，人家做饭会变成黄脸婆的。”苗苗眨巴着眼睛说。

晓伟脸色变了，无奈之下，还是拖着疲惫的身体带着苗苗出去吃了饭。

第二天，晓伟回家后并没有对躺在沙发上的苗苗多看一眼，而是径直去了厨房——清锅冷灶，显然没做饭。他清了清嗓子，说：“那个，你不能一顿饭都不做吧，以后这日子怎么过？”

“人家真的很怕变成黄脸婆。如果你坚持的话，我也可以做。”说着，苗苗递给了晓伟几张消费单。

晓伟看了后脸色大变，那居然是高额消费单。他指着上面的数字说：“你你你，你怎么买了这么贵的包，你不知道咱家要还房贷啊！”

苗苗耸耸肩，说：“那是你和你老婆的事，为什么要跟‘野花’说。”晓伟想了想，咬着牙把账单放进了口袋里。

第三天，晓伟起床后发现袜子破了个洞，但一时找不到新袜子，他就推了推苗苗，说：“快帮我找找袜子，我要去上班了。”

苗苗迷迷糊糊地睁开眼，说："哦，你看那个抽屉里面有没有新的，如果没有，那就没办法了。"

晓伟急坏了，说："你这个女人怎么当的，连我的袜子都不备。"

听了这话，苗苗也急了："我又不是你老婆，凭什么连内裤袜子都要给你备全？"

晓伟知道自己理亏，只好穿着破洞袜去上班了。恰好当天晚上公司去日本料理店聚餐，晓伟一脱鞋子，被同事笑话了一场，自己的脸也红到了脖根。

第四天，第五天，第六天……晓伟每天下班回家都能看到美丽的苗苗以及插着鲜花的家，但没有热乎乎的晚饭，更没有夫妻俩穿着棉布睡衣抱在一起说的私房话。

好不容易到了第七天，苗苗问晓伟："感觉怎么样？'野花'香不香？"

晓伟嘴硬道："我觉得不错，有滋味。"

"太好了，咱俩一拍即合。其实，这几天我当'野花'也觉得比当妻子有滋味，可以什么都不管，尽情消费，太棒了！要不然，我们再延长一个月吧？"

听了这话，晓伟差点跪下来，他只能红着脸抱住苗苗，说："算了，我觉得'野花'是挺香，但我更喜欢家花。"

当天晚上，苗苗换回了棉布家居服，还烧了一大桌家常菜，晓伟吃得很满足。

第二天，苗苗把那些用信用卡刷的昂贵的、没剪牌的包包都退了，然后去银行还了当月的房贷。再后来，苗苗和晓伟顺利地要了宝宝。

二、玫瑰花的故事

情人节那天，阿铭和同事一起下班，同事径直去了旁边的花店，花 10 元买了一枝红玫瑰。阿铭问："这是干啥？有情人了？"同事说："回家送老婆的，今天是情人节，老婆可是一辈子的情人呢！"

阿铭看着同事拿着那枝耀眼的红玫瑰离开了，心中微动：那我呢？我要不要也买一枝玫瑰？

如今，生活都好了，谁也不会再把 10 元当巨款，但阿铭犹豫了。因为，他知道老婆梦雪非常节俭，婚后二人还着房贷，孩子课余学小提琴的费用更吓人。因此，梦雪常说："买东西一定要挑实用的，那些花哨却不实用的千万不要买，买回来我肯定不高兴。这是一种实用主义生活态度。"

梦雪是说到做到的人，脾气也不算温柔，如果阿铭拿着一枝玫瑰花回去，她会不会生气？两人会不会吵起来？

于是，当阿铭即将走向花店的时候，他脚下一拐，去了旁边的菜摊上买了一棵白菜。

在这个空气里到处飘着玫瑰味的傍晚，阿铭抱着一棵白菜回到了家。梦雪看到白菜后倒是挺高兴，家里有豆腐，正好可以炖一锅菜。

在炖白菜的香气里，阿铭自始至终也没敢说出想买玫瑰花的话来。当天晚上，同事在朋友圈晒出了他老婆捧着玫瑰花的笑脸——不过是一枝花而已，人家却可以让老婆笑得那么开心。

阿铭躺在床上思考：白菜和玫瑰，到底哪个更重要呢？他想得脑袋疼也想不出个所以然来，但他决定：下次还是要试试买玫瑰花，就算挨骂也值。

半个月后，正好是梦雪的生日。阿铭下班后直奔花店，掏出 10 元来买了两枝玫瑰——节日后玫瑰降价了，大实惠！

阿铭怀着忐忑的心情敲开了家门，梦雪的目光瞬间就落到了玫瑰花上。火红的玫瑰虽然只有两朵，但真的很闪耀，梦雪的眼眶居然湿润了，她有点结巴着说：“这……这是什么意思啊？”

“老婆，生日……快乐！”阿铭走到梦雪面前，也激动得连话都说不利索了。

那天晚上，梦雪的心情格外好，她把玫瑰花插在瓶里，每过一会儿就欣赏一下。她说："这是结婚之后你第一次送我玫瑰花呢，不过……下次可别买了，一次就够了，这两枝花顶一棵大白菜的钱呢。"

正是这天晚上，阿铭明白了一个道理：对于婚姻来说，白菜和玫瑰花同等重要，只是出现的频率不同。结婚后，过柴米油盐的日子最需要的是白菜，但是，光有白菜的婚姻生活平静如水，偶尔也需要玫瑰花的点缀来直白地表达爱意。

三、浪漫，不间断也不频繁

上述两个故事都是关于花的，也都是关于婚姻保鲜诀窍的。

为什么"野花"就是比家花香？为什么玫瑰花就是比大白菜更动人？因为浪漫。

为什么"野花"最后还得恢复成家花？为什么大白菜可常买而玫瑰花不可常买？因为不能总是浪漫。

这就是与伴侣相处的矛盾点：浪漫与世俗。过于浪漫的男女关系不接地气，不能长久；过于世俗的男女关系缺少维系，没有质量。这就要求大家在世俗中有一点浪漫，不间断也不频繁——就像汤里的盐，单吃盐受不了，放那么一点就可以有滋有味了。

关于放盐，那叫厨艺；关于浪漫，那叫分寸。但这种分寸到底有多重要呢？举个身边真实的例子。

朋友琼芳很早就嫁人了，几乎是一毕业就步入了婚姻的殿堂。由于老公高大帅气、家境好、事业心强，所以琼芳结婚后的第一件事就是把老公拴住——她采取的方式非常简单：生一个宝宝，全面掌控家务。

琼芳做得很好，一年后她顺利地生了一个健康可爱的女儿，并掌握了家里的财政大权。正在她准备松一口气的时候，大正和她之间的感情却出现了裂痕。

有一次，大正所在的单位组织旅游，可以带家属。同事的老婆都喜滋滋地跟着去了，只有大正说："我老婆身体不舒服，去不了。"实际上，当时她正闷在家里无事可做。

知道这事后，琼芳跟大正大吵一架，她甚至抛出"你是不是外面有人了，不想看到我"这样的狠话，没想到大正真的一咬牙说："是，我就不想看到你，烦！"

一句话让两人的感情跌到了冰点。

琼芳又进行多次查访，发现老公并没有外遇。那么，他为什么不爱我了？可能是外在问题吧？

琼芳开始打扮自己，买昂贵的衣裙、进口化妆品。然而，这一切还是没有用，大正都不带正眼瞧她。

可能是不够温柔吧？琼芳说话不再粗声大气，每天都细声细气的——无论大正的脸色有多难看，她都不敢说一句重话。尽管如此，大正还是眉头紧皱，完全没有和解的意思。

可能是因为自己不挣钱贴补家用吧？琼芳开始找事情做，联系朋友做代购，但这些还是没有引起老公对她的丝毫重视。

是不是婚姻真的走到头了？琼芳经常抱着还不到两岁的女儿哭泣。某天，琼芳打电话叫我去她家坐坐，说：“你认识的人多，帮我想想办法吧。”我能有啥办法，只好抱着一种“不如去逗逗小宝宝”的心态，第一次走进了琼芳家。

一进门，我就惊呆了。

琼芳虽然穿着上千元的高档连衣裙，身上散发出清幽的法国香水味，但家里一片狼藉——一进门就是大大小小的一堆鞋子，地上是各种包装袋和代购用的快递盒，屋里抹布、毛巾散乱各处，沙发上不知是洗了还是没洗的衣服堆成了小山，只有卧室的床还算一方净土，那是她女儿爬来爬去的地方。

琼芳注意到了我的目光，但她不在意地说：“有小孩的家里都这样，哪顾得上收拾。”

“东西能收的还是收起来吧，这样会容易找到，家里也显整洁。”我说。

“放在外面，要拿的时候方便得很。”琼芳在沙发上收拾出一块地方给我坐，然后着急地说：“你帮我想想，我和我老公的事可怎么办？”

此时，我已经知道事情的结点在哪里了，说：“你要不试试……先从打扫房间开始？”

我不是逗琼芳玩，我是认真的。她和老公之间的感情基础还在，谁也没有外遇，婚姻裂痕并非不可弥补——也许他们只是缺少一点点感觉。

怀着死马当活马医的想法，琼芳开始整理房间。奇迹发生了，一个月后，她打电话告诉我：“我们和好了！”她不仅道谢，还激动地问：“这是什么道理？”

大道理我讲不出来，但我知道：在面对婚姻危机的时候，琼芳在浪漫方面做得太多了，却缺少了对世俗方面的重视。当男人拖着一身的疲惫推开家门时，他希望看到的是一个能够带来安适感的家，一个可以寄托心灵的港湾。

一个同样着装简单的女人，置身于整洁的客厅中也会给男人带来美的享受；一个处在杂乱之家的妻子，即使妆容精致也无法让丈夫感觉到爱的冲动。这就是分寸的力量。

➤ 依赖与独立

那个愿意为你死的人，不见得就是可以跟你一起好好生活的人。

一、谁才是可以跟你一起好好生活的人？

穆菲和阿强结婚五年了，日子过得平静如水。他们本以为会一直这样过下去，但总有那么一些意外会把婚姻原有的道路截断。

在一次同学聚会中，阿强遇到了以前追过他的大学同学晓姿。回来之后，阿强容光焕发，不顾一身酒气就往穆菲身边凑，得意扬扬地说："你记得吗，那个晓姿当年追求过我，为此事她还自杀过呢！"

穆菲当然知道。这事过去好多年了，本来没什么人再提，然而阿强不这么认为——如今的日子过得太平淡，他急需用一些传奇往事来证明自己的优秀。

从聚会那天开始，阿强逢人便讲这段经历："人生真是无常。那天同学聚会的时候，我遇到了一个女同学，当年她曾为我自杀过，直到现在还没结婚。我觉得自己真是对不起她，但怎么办呢，我已经有穆菲了。"

说完这话之后，往往有一众人投来羡慕的目光，而阿强虽然面露惭愧，实际掩饰不住内心的得意。有话多的人还要对穆菲说一句："你真是福气哦，有女人肯为阿强自杀，他还是坚定地爱着你呢。"

穆菲能怎么办？她只能摆出一副"我好幸福"的样子，实际上像吃了苍蝇一般恶心。

这种情况越来越严重，阿强给身边的人讲了一圈之后，又开始上网跟陌生人吹牛。到后来，他陷入了自我催眠当中，以为自己真的是"万人迷"，有无数少女排着队为他自杀。这直接影响到了夫妻二人的感情，阿强总觉得自己在婚姻里高人一等，对穆菲的态度越来越差，动辄就发火，说的永远都是同一套话：

"你看，当初有人为我自杀我都不放弃你，现在你对我这样，你太没良心了！"

“你要再这样，我可就反悔了——晓姿现在还没结婚，如果我肯接受她，她指不定乐成什么样子呢！”

“当初实在年轻，不懂怎样找老婆，如果找一个肯为我连命都不要的女人，这辈子会多幸福啊，可我偏偏找了你！”

这一系列言论令穆非感到崩溃。阿强所讲的自杀事件是真的，她无法反驳这个故事，唯一能做的就是默默地忍受，不把家丑传出去。

如果家丑传出去，估计故事的版本是这样的：晓姿曾为阿强自杀过，阿强却错误地选择了穆非。结婚多年之后，阿强发现自己与晓姿有宿命的纠缠，于是毅然放弃穆非。

穆非不想成为这种故事的主角，更不想为陈年旧事而纠结。但阿强变本加厉，每天不翻出来说几次绝不罢休。终于，有一天阿强对着穆非精心准备的饭菜絮叨着不合口味，并说：“当年晓姿为了我死都可以，如果我跟她结婚，她肯定倾尽全力地给我做菜。”

穆非愤怒了，她猛地起身掀倒一桌子的菜，在盘碗狼藉中大吼道：“那你干脆去找她好了！”

阿强愣住了，居然真的摔门而出。然后，他几夜未归，听说真的去找晓姿了。

大龄未婚的晓姿也对自己的青春充满了怀念，跟阿强压了一夜的马路，他们聊大学时光、聊爱情，聊完之后不知道有没有发生别的事情。

吃瓜群众都很震惊，静等着穆菲的反应，而她却淡淡地说：“随便他吧。晓姿确实为他死过，那只是几分钟的事；而我为他好好生活，一过就是好多年。谁轻谁重，他自己会明白。”

朋友都觉得穆菲想得太简单了，这场战役她没有胜算，更觉得这种“顺其自然”是投降的表示。

然而，没过多久，阿强居然悄悄地回来了，并且破天荒地给穆菲做了一顿饭，从此再也不提晓姿的名字，一副乖男人的样子。

穆菲心里恨，也想离婚，但婚姻真不容易，磨合的时候真的要接受并让它“船过水无痕”。至于阿强为什么回来，穆菲大约能想到：当阿强试图跟晓姿在一起生活时才发现，那个紧紧要黏在你身上非要为你死的人，不见得就是可以跟你一起好好生活的人。

二、依赖与独立

当一对情侣从最初的激情逐渐走向平淡之后，总有要处理的矛盾点：依赖与独立。为了爱情而牺牲，这说起来感人，却是一种强制性的依赖，将生命紧紧与对方绑在一起，起初激动、感动、心动，后续只会觉得透不过气来。

相较来说，还是独立的爱情更不易，对方不会死缠着你，而是会以独立伴侣的形式站在你身边，给予你支持和鼓励。等到有一天，两人老得已经没有性别痕迹的时候，依旧可以像朋友一样生活在一起。

梅姐今年53岁，她是我见过婚姻最幸福的女性。她老公是某出版社社长，儿子在国外留学，自己也事业有成，家庭和睦，实在令人羡慕。

我问梅姐："您是怎么经营婚姻的呢？"

梅姐说："你这个问题太难回答了，因为婚姻本来就复杂，从哪里说起好呢？"她不愧是知识分子，仔细想过之后说出了一个字——"居"。她说："夫妻关系中，'居'最重要，就是要能群居，能独居，也能分居。"

之后，她就细细地给我讲了自己的体验。

"能群居"是指：任何婚姻都是两个家庭的结合，会带来复杂的亲缘关系。你要比从前多出一对父母和一众七大姑八大姨，有些年轻人的婚姻就吃亏在这个问题上。

这种"群居"生活最考验二人的感情。首先，一定要摆正心态，就算亲戚再多也不能影响夫妻关系，可以"群"但不可以“合”。比如，节假日凑在一起玩乐是幸福的事，但谁都不能对谁的家事做过多的干涉。

这种态度摆正之后，就要对先生进行“洗脑”，让他全盘接受这个观点，并对自己的家庭打预防针。这种方法还有一个关键就是，从婚姻一开始就贯彻实施，因为养成习惯之后就很难改了。

“能独居”是指：夫妻二人感情再好也有厌倦的时候，为了婚姻保鲜，最好能够有独居的时候。即使周末两个人都在家，也应该各有各的空间，不需要长久地黏在一起。

人都是怕腻歪的动物，黏在一起久了就会有矛盾，亲友、同事如此，更何况是朝夕相处的夫妻呢？所以，在家中梅姐跟老公经常各据一角读书写作，偶尔凑在一起散步、看电影，这样感情反而越来越好。

“能分居”是指：彼此经济独立，不需要相互依赖，能够照顾好自己的生活。这一点是梅姐的重要体验，她发现：虽然男人都喜欢小鸟依人型的女人，但那只是男人恋爱时的标准，当进入婚姻模式后，他们更喜欢独立的、可以为自己负责的女人。

如果你经济上不独立，平时又是一个“傻白甜”，无法照顾自己，刚结婚时男人可能会对你爱护有加，但极难保持长期稳定的关系。毕竟，夫妻二人要面对的困难会有很多，比如还房贷、生养孩子、赡养老人等。

三、人人当自强

有时候男人更需要一个战友，而不是只会扯着衣角哭泣的弱女子。所以，梅姐能够以一个成功女性的姿态长期得到先生的爱和儿子的尊敬，不是没道理的。

总结起来，梅姐成功的秘诀是这样的：首先，你要能够正确处理人际关系，不让自己宝贵的爱情消磨在混乱的家务事上。其次，独立的人格最受人尊敬，有空间的爱情才能常保新鲜，所以你要给对方足够的空间，也能够让自己快乐地独处。最后，无论如何你都要自强，要有“离开你，我也能够生存”的能力。

成为一个优秀的人，才能配得上优秀的婚姻。

赞美与批评

太爱赞美，日子过久了会觉得另一半浮夸，不交心；太爱批评，又会觉得生活每天都是负能量，鼓不起勇气继续爱对方。

一、关于赞美的故事

结婚是可以改变人的，比如阿瑞和简妮。

阿瑞，一个原本非常优秀的女孩，结婚后却变得邋里邋遢，没有什么追求。简妮，一个很平凡的女孩，结婚后却变得优雅得体，大方开朗，天天都是幸福的模样。

对此，人们往往会将原因归结为“八字是否合”。但自从我接触到她们二人各自的婚姻生活之后才发现，倒不如归结为一句网络流行语：点赞。

世上确实有很多人全身上下充满了负能量，每天看什么都不顺眼，觉得一切都是别人的错，不会为别人点赞。阿瑞的老公就是个不会点赞的人。

有一次，我去阿瑞家吃饭，她很有兴头地烧了一桌子好菜，这时候她老公却皱紧眉头，说："西红柿和黄瓜哪能一起炒？你有没有常识？""虾线都没有剔干净，这怎么吃？""米饭我爱吃水多的，今天的饭怎么这么干？"

诸如此类的抱怨特别多，我听得都要冒火，阿瑞却非常平静地接受了。当老公骂骂咧咧地离开饭桌时，她抱歉地对我说："别生气，他不是针对你，他就是这样的。"

这种情况经常出现在阿瑞的生活中。比如，阿瑞穿了一件新裙子，老公会横挑鼻子竖挑眼，她受到打击也就不再用心打扮了。再如，她做家务收拾好房间想等老公表扬，他却看到一些卫生死角不干净，然后说话带刺，时间长了，她有些心凉，就不爱打扫卫生了。这时候，美丽、优秀、勤劳的阿瑞，渐渐就变成了"泯然众人矣"的模样。

另一方面，我也接触到了简妮的家庭。她相貌平平，能力也一般，当初嫁人的时候大家都不看好，但婚后的她进步飞快。前不久，我去她家做客，她非要亲手给我做饭，说："我做的菜可好吃了，我老公最爱吃！"

平心而论，简妮做的菜很一般，跟阿瑞比不了。但她老公不断鼓励她，让她笑得面带桃花。饭后，她老公偷偷地跟我说："你可千万别说简妮做的饭不好吃，一开始她连打鸡蛋都不会呢，现在已经有了很大的进步。"

看着简妮幸福的表情，我终于明白：简妮和阿瑞的区别在于，是不是找到了一个会给你点赞的老公。

经常被贬低和被鼓励的人，信心和动力完全不同。阿瑞本身的起点很高，但经不住天天被贬低，那样她只会自暴自弃。简妮虽然起点不高，但老公的鼓励给了她巨大的信心，使她总是朝着更高的目标迈进。

所以说，婚姻真的能改变一个人，那个与你朝夕相处的人对你的态度，决定了你对生活的态度。现在，请你好好回想一下：你的伴侣是不是会点赞的人？如果不是，请大胆告诉他：我做得很好，希望你能给我点赞，让我做得更好。

在两性关系中，赞美的力量大得超乎人的想象。

二、关于批评的故事

是不是只需要赞美，就可以与伴侣相处好了呢？当然不是。接下来，让我们看另外一个故事。

没有一个女人爱听别人说自己胖，无论自己是 90 斤还是 190 斤。尤其是当“你胖”这句话从伴侣嘴里说出来时，更是重磅炸弹，基本上能炸得一个家庭鸡犬不宁。但是，男人嫌你胖真的是坏事吗?

以闵静和晓茹为例，二者年轻时都是面容姣好的姑娘，不过，结婚之后生活幸福，再加上不爱运动，渐渐地就胖了起来。

有一天，晓茹发现以前的衣服都穿不上了，她撒娇地问老公：“你说我是不是太胖了？”

老公的回应是：“亲爱的，你胖一点好看。”

晓茹说：“但我不是胖了一点，是太胖了吧？”

老公说：“没事的，我喜欢。”

于是，晓茹放心地胖了下去，一天又一天，直到她的体重数值与身高数值持平的那天，她偶然撞见老公与一个瘦得就像平面模特的女人抱在一起。

闵静的经历与晓茹不同，在她没有胖到一发不可收拾的时候，老公就及时提醒说：“闵静，最近你胖得有些厉害，身材跟上大学的时候没法比，我觉得你应该减肥了。”

当时，闵静很不高兴，跟老公大吵：“别人家老公都不会嫌老婆胖，你倒好，我才胖一点你就嫌弃，将来我还会变老，那时候你是不是就不要我了？”

闵静把这事跟同事说了，同事也支持她，觉得她老公不应该这样说。当闵静冷静下来后，心想：其实，老公对自己身材的提醒也是一种诚实的表现，也许我真该减肥了。

于是，闵静加强运动，晚上控制食量，很快就恢复了身材。平日里，老公偶尔还是会挑剔，但她都把那些问题一一解决了。所以，闵静和老公的感情一直很好，对方也一直把目光集中在她身上。

这就是批评的力量。

因为爱你，所以批评你，这不是嫌弃，而是希望你更好。

没有哪个男人不希望自己的妻子美丽得体，所以不要怀着侥幸的心理，以为"无论怎样，老公都爱我"。当老公说你胖的时候，未尝不是一件好事，未尝不是一种负责任的表现。

一个诚实的老公，说出来的话虽然难听，但会及时提醒你离开歧途，塑造更好的自己；一个虚伪的老公，也许说一些花言巧语就能让你感动得流泪，但他心里的嫌弃可能会越来越多。

三、赞美与批评的分寸

在婚恋关系中，一边是赞美，一边是批评，朝哪一边倾斜过多都会出问题。太爱赞美，日子过久了会觉得另一半很浮夸，不交心；太爱批评，又会觉得生活每天都是负能量，鼓不起勇气继续爱对方。

那么，这个分寸到底该怎么把握呢?

在我看来，这个问题不仅是施予赞美和批评的人要思考，得到赞美和批评的人也要有所反思。听到批评的时候心态要好，要知道“对方是为我好，希望我进步”；听到赞美的时候也要以平常心对待，切不可觉得“我很优秀，当初怎么就跟你在一起了”。

在婚恋关系中，双方共同努力，分寸就更容易把握了。

怀疑与信任

对于伴侣来说，最好的状态应该是：你看到的可能不是最真实的我，但肯定是一个相对真实、渴望为你变好的我。

一、阿荞的故事

台风“莫兰蒂”登陆南京，此时阿荞正在家里守着高烧不退的儿子发愁。她打电话给老公，想让他快点回来开车送孩子去医院，他却迟迟没接电话。

其实，就算老公接了电话，阿荞也知道他大概会说什么：“去什么医院？你也不看看这是什么天气，要去，你自己带着孩子去。”在这样不宜出门的天气里，没人能把老公从“掼蛋”（南京流行的一种扑克牌游戏）桌前扯开。

想到这里，阿荞的眼泪止不住掉了下来。但这时候哭也没用，她只能简单收拾一下，抱着儿子冲进风雨中，打车去了医院。

到医院后，阿荞全身都湿透了。然而，医院儿科已经人满为患，阿荞抱着儿子去挂号、找诊断室、化验血，折腾下来，原本被雨淋湿的衣服又被汗水浸湿一层。

检查出了结果，儿子被确诊为肺炎，要住院接受治疗。阿荞想着自己一个人要去拿药、找病房肯定照顾不到儿子，她只能再给老公打电话，让他过来帮忙。

接通电话后，阿荞还没开口就传来老公不耐烦的声音：“老子就爱玩掼蛋，你就不能让我安心玩一玩？你怎么带孩子的？好好的孩子都得肺炎了！”发完牢骚之后，他连儿子在哪个医院就诊都没问一句就挂了电话。

外面雷声大作，阿荞积压已久的情绪终于崩溃了，抱着生病的儿子失声痛哭起来。儿科病房里的人都在盯着她看，眼里全是怜悯，甚至有人猜测她是单亲妈妈。

这时，一位大妈过来安慰阿荞，还给她拿了块月饼。她这才想起来，原来今天是中秋节。

而这一天，直到后半夜阿荞的老公也没回来。后来，她把这一切都用笔记录下来，然后联系到我说：“你还记得我吗？我是你的笔友阿荞。”

我当然记得阿荞，跟我一样，上大学的时候她也喜欢写作，我们虽然没见过面，但经常交流。听完她的遭遇，我很生气，说：“你还年轻，这样的男人你怎么不跟他离婚？”

阿荞支支吾吾地说：“因为……他虽然这样，但比我身边的其他男人强多了。你还记得以前我经常写婚外恋的故事吗？故事中的很多人物都有原型，是我身边发生的实例，我被婚外恋吓怕了。”

原来，阿荞身边有许多人结婚后都遭遇了对方的背叛，或离婚或原谅了对方凑合着过，个个感情都破碎不堪。她见多了，也写多了，觉得自己老公虽然不怎么样，但他只是爱打扑克牌并不出轨，这就挺不错了。

“可是他对你不好！”我提醒道。

“他对我不好，毕竟也不是什么原则性的问题。你看那些女人，老公出轨了，她们才真的可怜，我觉得自己还行。”阿荞自我安慰了起来。

后来，我又与阿荞交流了几次，得到的回应差不多都是这样。她认为老公不出轨就说明他还爱自己，她也就能忍。可我不知道，她能骗自己到什么时候。

二、闺蜜遇到了渣男

这几天，闺蜜小羽遇到一个棘手的问题，一个各方面条件都不错的男人对她说：“如果多年之后，你未嫁，我未娶，那我们就在一起吧。”这话撩得她春心大发，她问我们一众老友：“这算暗示吗？他是不是喜欢我？”

我们对此态度不一，较为花痴的某姑娘认为：“哇！这不是《老友记》里的经典台词吗，好浪漫！”但大部分人都对此持负面态度，我们的理由分别如下：

段菲的意见：“无论是现在还是以后，结婚都需要有感情基础。现在没感觉，多年以后也不一定有感觉！”（段菲是理想主义者。）

老莫的意见："多年以后？天啊，那时候你还没嫁，他还没娶，这也太扯了吧？那说明你俩都是性格或者生理上有缺陷的人，不能在一起！"（前段时间，老莫刚处了一个性冷淡的男朋友，因此她对心理和生理健康非常敏感。）

阿紫的意见："太侮辱人了！他凭什么假设多年以后你还未嫁啊？凭什么假设多年以后他娶不上老婆而你还在等着他呢？大男子主义不能要！"（阿紫是女权主义者。）

晓哲的意见："我认为这个问题需要这样看待：多年以后你们有可能结婚，但如果仅仅是因为一个未嫁一个未娶，婚姻就变成了凑合，这只会导致婚姻质量直线下降，还是算了吧。"（晓哲是律师，认为婚姻的动机非常重要。）

最后轮到我了，我正往嘴里狂塞火龙果，根本不想讨论这么严肃的话题。但看到大家灼灼的目光，我还是说了一下自己的看法："如果多年以后你俩还有想娶对方或者想嫁对方的想法，那为什么不干脆现在就做呢？明天你就去问他，不用等那么多年行不行？如果他说不行，那你就别臭美了，他估计是个渣男只是跟你玩暧昧。"

其实，汇总大家的意见就可以得出这样一个结论：所谓"多年之后，你未嫁，我未娶"，极不科学，不能相信，理由不需要细说。总之，将所有爱情的期望寄托在未来，真不如活好当下——一个许诺多年后愿意跟你在一起的男人，远不如现在就捧着鲜花站在你面前的男人。

但所有的故事都有个结局，这个故事也不例外。小羽在“他到底喜不喜欢我”的怪圈里纠结了几天之后，突然把我们叫出来吃火锅鱼。正吃得热火朝天的时候，她突然哭着把筷子往桌上一拍，说道：“枉费我纠结了那么多天，原来他跟好多人都说了同样的话。”

大家恍然大悟，纷纷开解她。其实，这个结果早在我的意料之内。

三、婚姻也需要“售后服务”

如今，“幸福婚姻咨询师”“婚姻诊疗班”越来越多了，这让很多人惊异地问：“难道就像买车一样，结婚以后还得经常去 4S 店保养？”

诚然如此，婚姻并不是“一锤子买卖”，也需要“售后服务”。林婷就是婚姻售后服务的体验者。

林婷属于易发胖的体质，上大学时遇到了帅气的邓芒，为了追求对方，她一咬牙减了 30 多斤，变成一个挺骨感的姑娘，然后，两人迅速陷入爱河并于毕业之后完婚。

但是，在幸福的冲击下，林婷就控制不住自己了。

第一，体重上不再节制，从100斤飙升回140斤。她美其名曰："两个人过日子总是要节省的，每次剩下来的饭菜难道要倒掉吗？"

第二，行为上不再节制，破了洞的衣服照常穿，吃水果的时候不再斯斯文文，睡觉的时候也是四仰八叉。

凡此种种，不一而足。渐渐地，林婷就觉得老公看自己的眼神不对了。确切地说，他不再好好地对待林婷了，跟她说话的时候也变得粗声大气。她不由得心慌，捏着自己肚子上的肥肉自语道："他是不是变了？"

其实，不是邓芒变了，是林婷变了。婚姻和恋爱有很大的差别——与充满激情的恋爱相比，婚姻更需要售后保养。

林婷慌了，说："难道像恋爱的时候一样，我还要减回100斤？难道在家里我也要穿着漂亮的衣服？难道我跟老公说话也要轻声细语、甜美无比？"

男女关系，其实是被骗与自骗的关系。也许这说法有些夸张，但双方总得有所改变。

相爱的时候，我们对另一方总有些不切实际的想象，这固然有对方刻意营造的原因，同时也是我们自骗的结果。如果没有相互善意的欺骗，没有我们故意麻木心灵的自骗，爱情的美妙和婚姻的幸福就不复存在了。

这说法虽然有些赤裸裸，却是事实。问题是，到底怎么处理“受骗”和信任的尺度呢?

前面说到的阿荞，就是一个婚姻中的过度自骗症患者——即使她老公已经连骗都不想骗她了，她还坚持认为对方依然爱她。我的闺蜜小羽则是一个恋爱中的过度自骗症患者——明明对方是渣男，却因为对爱情的渴望而强行将对方美化成一个情种。林婷则是一个极端的不肯自骗者——确定了与伴侣的关系之后，她就不再伪装了，把自己的一切真实面目都展露了出来。

无论是哪一人，她们在掌握分寸方面都是失败的。在男女关系当中，要适度地伪装，找到相处的技巧，同时也要有选择地信任，不能盲目地忠贞，更不要过度地美化对方。

最佳状态就是：你看到的不是最真实的我，却是一个相对真实的、渴望为你变好的我。

一切都刚刚好。

第四章 对朋友和同事的分寸感

在职场中，随时保持距离感，做个有分寸感的工作伙伴，可能比空怀一腔热情更有利于开展工作。

与人相交，应淡如水

因为没有分寸，所以过于好奇他人的隐私，特别爱谈论他人的私事。实际上，与人相交，其淡如水方能久长。

一、分寸，是一种距离

李伟相亲失败了。

一大早，李伟就来到财务部，冲我们不停地念叨："我怎么那么没用，我对那个姑娘真的是一见钟情，但她固执地就是不喜欢我，而且我想再约她出来，她也不肯了！"

一听就有故事！我们纷纷放下手头工作，个个化身军师争相帮李伟分析原因。

但是，李伟始终不肯说出约会的细节，我们只好放弃打探。不过，大家都觉得很奇怪：李伟言谈大方，基本条件也不差，面对喜欢的姑娘也确实表现出了诚挚的热情，为什么还是会在相亲路上“死”得这么早呢？

这时候，媒人王姐出现了，她板着脸，清清嗓子说：“你们这些年轻人啊，就是让我操心。我也真不知道出了什么问题，怎么好好的姑娘你就约不上了呢？”

“王姐，帮帮李伟吧！”看李伟一脸的急切，我们也都帮腔。

王姐大约是觉得谱摆得差不多了，露出了笑脸，说：“好，干脆我再帮你约她一次吧，我的面子她肯定会给。这次我们几个也去现场，帮你把把关。”

几天之后，在王姐的努力下，姑娘再次应约。我们几人兴冲冲地“埋伏”在星巴克里，等着看到底是怎样挑剔的姑娘看不上优秀的李伟。

我们喝过一杯咖啡后，女方来了。大家一看，果然是个好姑娘，文气十足，干净利落。李伟真心心仪这姑娘，对方一现身，他的眼睛就放了光。

“在这儿！”李伟招呼道，然后站起来朝着姑娘走近。结果，戏剧性的一幕出现了：在李伟朝前逼近的姿势下，姑娘后退了一步；李伟再向前一步，姑娘再后退一步；李伟又向前一步，姑娘又后退一步……

眼见要退到门口了，姑娘不得不把两只手挡在胸前，说：“那个，我们先找个地方坐下吧。”

“好好好！”李伟满口答应着，然后又朝前走了一步，在几乎与对方头碰头的距离下引其到座位上就坐。之后，李伟的身体开始明显前倾，姑娘向后仰了仰，李伟再次前倾；姑娘再次后仰，李伟又前倾……

我们都不忍心再看下去了，这时，问题的症结也找到了——也许姑娘很满意李伟的基本条件，也不反感他喜欢她的事实，但她肯定反感他这种充满侵略感的姿势。

李伟因为对姑娘有好感，所以总想“接近”她，却从没想过对方是否受得了。

人与人交往，距离感非常重要，离得太远会让人觉得疏离和不尊重，靠得过近又会让人觉得不适甚至恐惧。这个道理许多人都懂，但把握不准的原因在于：每个人对物理距离的分寸感不一样。

许多人意识不到这一点，只能拼命地通过“靠近”这个动作来表达自己想要亲近对方的热情，李伟就是如此。但是，没有哪个女孩面对男人一步步逼近会不害怕——除非是自己很亲近的人。

二、分寸感，是一种态度

分寸感不仅包含身体之间的距离，更多的是主观态度上的把握。“李伟事件”过去后不久，有一天早晨，同事A向大家宣布：“今年年底我就要结婚了。”

全办公室的人都鼓掌为她祝贺，然后各自想着应该随多少礼、参加婚礼的时候穿什么衣服比较好看。这时，王姐却来了一句：“我早就知道了。”

“啊？”A有点吃惊，“你怎么知道的？之前我从来没有说过啊。”

“哈哈哈，我是谁啊，我当然知道了。”王姐笑着说道，气氛顿时尴尬了起来。对于A来说，这个消息应该是她想宣布的时候才宣布，那样才有惊喜，但没想到有人提前知道了，这让她很扫兴。

虽然王姐是办公室里的“小灵通”，但获知他人这么重要的私人信息，还是会令对方感到不安。

有天中午，王姐找不到自己的杯子，伸手抓过我的杯子直接喝水，边喝还边跟我说：“咱俩谁跟谁啊！”

当时我真想告诉王姐：“姐！咱俩真的没有那么亲近，请你放下我的杯子！”

三、把握好分寸是一门艺术

“咱俩谁跟谁”，这原本是一句表达亲近的话，但有时候反而会变成一句令人害怕的口头语。许多人分不清自己与他人交往的界限，总觉得大家是好朋友，什么东西都可以分享，甚至什么事情都不在乎，也不去考虑对方是否愿意。

生活中，打着“咱俩谁跟谁”这种旗号而刻意忽略距离感的人有很多，王姐是其中之一。

其实，王姐也不是什么坏心肠的人，但时间一长，大家都不愿意跟她交往了——因为她对我们的“门”是开了，而无论我们的“门”对她开没开，她反正是要强行进入的，而且还要我们带着笑脸来迎接她。

这往往是我们身边接触起来最难堪的一类人，其实，他们也不知道自己错在哪里，只觉得自己把一腔热情都洒给了朋友，人家怎么就不领情呢?

这就是没有把握好分寸感的表现。因为没有分寸，所以过于关心他人的隐私，喜欢谈论私人话题。

好好反省一下就会发现，几乎每个人都会犯这样的错误。而我们能做的就是，从今天开始，别再忽略与人相交的分寸感。与人相交，应淡如水。

同事这件小事

在职场中，随时保持距离感，做个有分寸感的工作伙伴，可能比空怀一腔热情更有利于开展工作。

一、我和同事之间的故事

今天，我跟同事小西起了点摩擦，起因如下：

午休时间，我在办公室里活动身体，小西没敲门就闯了进来，然后一下子就看到了穿着无袖衫正在乱蹦乱跳的我。虽然大家都是女性，但我当即产生了一种非常强烈的“被入侵感”，所以很不客气地问：“你进来怎么都不敲门？”

小西没有回答，也可能小声说了一句“对不起”我没听见，但她的脸色显然不好看，转身就出去了。这次的不愉快，是之前我俩从未有过的。

事后，我仔细思考了一下：其实，平时工作的时候小西也经常到我办公室来，次次都是不敲门就进，我向来也都很欢迎她，但这次我为什么会发火呢？道理很简单：因为是在午休时间。

午休时间，虽然身体还在办公室，也处于随时可以继续工作的状态，但从心理上来说，我默认这段时间是自己的私人时间，不可以被他人随意介入。

小西在上班时间来找我，无论是工作原因还是私人原因，我都比较容易接受，因为我心理上正处于“工作中，欢迎光临”的状态。但是，在私人时间里，我显然更希望得到一些私人空间——即使对方想进我的办公室，我也希望自己可以事先得到提示，比如咳嗽一声、敲门，这种信号可以让我迅速调整好心态，做好将私人空间对外敞开的准备。

在工作中，每个人都需要这样的准备，因为，在私人的时间和私人的空间里，同事往往只能是同事。

二、同事婉婷和张大姐之间的故事

同事，是与我们朝夕相处却又利益相关的一个群体，平时交好是真的交好，而疏离又是真的疏离，堪称婆媳之外的又一矛盾关系群体。

同事婉婷比我小几岁，年轻又可爱，单位的大姐、阿姨级别的人都非常喜欢她。每天中午吃饭的时候，张大姐都会端着饭盘坐在她面前，两个人边吃边聊，好得跟母女似的。

但是，有一天俩人突然不在一起吃饭了，而且还离得远远的，好像彼此不认识似的。同事们都很好奇，以为她们二人之间有了什么深仇大恨，以致友谊尽了。

后来，经过一番打听，大家这才弄清楚原因：一个周末，婉婷在一家茶餐厅等男朋友来吃饭。这时候，恰巧张大姐带着老公、孩子也来了这儿。

张大姐看到婉婷非常开心，热情地介绍家人和婉婷互相认识，然后自顾自地坐在她旁边开始点菜，点完后又热情地把孩子塞到她的怀里，关心地问她为什么一个人吃饭。

当得知婉婷的男朋友一会就来时，张大姐更是来了精神，邀请他们一起吃饭，并想约着下午一起去看电影。

面对张大姐的热情，婉婷的脸色越来越不好看，最后支吾了半天，说临时有事然后落荒而逃。张大姐觉得婉婷不领她的情，从那以后，她跟婉婷的关系就淡下来了。

就这个事，张大姐和婉婷各有各的看法。张大姐认为：“平时我看小姑娘是蛮好的啊，跟我也聊得来，想不到是两面派——工作当中跟我装热情，平时见面却不冷不淡！

“我是一片好心，我想着作为办公室的前辈，我请她和她男朋友吃个饭，处处关系，这有错吗？你看她那副样子，就像我要抱着她跳井一样，跑得可快了！我老公看到之后，还误会平时我对她不好呢！”

张大姐心里委屈着呢，但婉婷也有委屈。她说：“我不是不喜欢张大姐，平时她对我挺好的，工作中也相处得来。但那天是周末，我就想等我男朋友下班后我们过二人世界，可是张大姐呢？

“她问都不问一声就坐在我身边，然后让我帮她带孩子——那孩子我根本搞不定。然后还约我们下午一起去看电影，也不管我们是否想去。而且，就算我们真的想去看电影，也只想两个人一起去看，而不是跟着她全家一起去看。那是我们的私人生活，总要被尊重吧？”

这就是问题的主要矛盾所在——私人空间。

虽然同事之间关系密切甚至非同一般，但通常情况下，在非工作期间，侵入同事的私人生活，可能（或者说极大可能）会遭到对方的反感。

在婉婷和张大姐的这件事中，两个人都有错：张大姐多考虑一下在休息时间里对方的自由，婉婷多照顾一下张大姐作为前辈的热情，可能就不会变成现在这个样子了。

三、朋友老杨的故事

朋友老杨辞职了。听到这个消息，我非常震惊，因为这么多年他作为公司林总的秘书可谓是深受重用，加上工资收入高，前段时间还一副认真努力要升职的劲头，怎么说辞职就辞职了呢？

“被老板潜规则了？”某天聚餐，我拿老杨寻开心。

老杨并没有反击，只是扯着嘴角苦笑了一下，说：“其实，啥事也没有，不是工作问题也没有财务纠纷，老板对我也不错，但我就是坚持不下去了。”

我一听，这里面有故事，于是鼓励老杨多讲讲。其实，老杨辞职的理由很简单，甚至可以说令人吃惊：老板公私不分明。

虽说私企的工作时间默认是“5+2”模式，对老板的呼唤向来就得有叫必到，但是，老杨的心里感觉总要有那么点时间是自己的，否则挣来的钱什么时候花，得到的幸福什么时候享受呢？

但老杨的上司林总并不这么想。

林总今年五十多岁，对三十岁出头的老杨很好，一方面觉得他有能力，要好好指点；另一方面又觉得他像自己的孩子，需要事事照顾。在这种双重态度的作用下，起初老杨的职场之路走得非常轻松。但是，随着老杨娶妻生子后，这种“家长式”的照顾让他感觉就不那么好了。

“老杨，周末怎么过啊？”林总问。

“如果公司没什么事的话，就带着孩子去玄武湖划船，他嚷嚷好几周了，再不带他去，估计他就闹腾起来了。”老杨笑着回答。

“玄武湖有什么好玩的，孩子应该多接触人文历史。这样吧，我有个朋友在六朝博物馆工作，周末让他给你找个讲解员，你带孩子去博物馆接触一下历史。”

“不用了林总，太麻烦你了。”

“这有什么啊。”

周末，老杨只能带着四岁的儿子去了六朝博物馆。

周末过完了，儿子非常不高兴，老杨只得给他买了新玩具并承诺：“下周爸爸肯定带你去玄武湖坐小鸭子船。”儿子这才开心了起来。

又到周末，林总再次提出了那个问题：“老杨，这个周末怎么过啊？”

这一次，老杨学乖了，决定不讲实话，敷衍道：“唉，这周没计划，孩子想去哪儿就临时带着去。”林总随即说：

“没计划怎么行？平时我经常告诉你们，一个人不能计较人生，但要计划人生。对于工作是这样，对于生活也是这样。

“既然你没计划，那这样吧，这周末我和我夫人要去金牛湖游玩，正好缺个伴，你带上家人一起来吧，人多热闹。我给你酒店的联系方式，你正好把房间一起订了。”

老杨又傻眼了。这种半工作、半生活的“命令”让他无法拒绝，于是只好乖乖打电话订了房间，回家又费了好大一番工夫说动妻子和儿子一起去。

游玩期间，林总夫人比较挑剔，一会儿对这个不满意，一会儿又看那个不顺眼。作为下属的家属，老杨的妻子只能专心伺候林总夫人，她不仅心里委屈，身体也受罪，过个周末过得比平时上班还累。

开车回家的时候，妻子坐在车上抱着孩子，脸色非常不好，愣是跟老杨一句话都没有说。老杨自知理亏，回家极力地讨好老婆。

为了防止这种尴尬的局面进一步扩大，老杨决定主动疏离，遇到林总问及私人问题时他就尽量回避。但是，这些都没有用，林总依旧“关心”老杨的生活，关心他平时吃什么菜、孩子看什么书，非要将他的私人生活了解透彻才放心。

这叫作控制欲。老杨说：“我越来越感到透不过气来。”

听了他的讲述，我颇有感触。

“其实，林总对我、对我家人都挺好的，但我累得很。我感觉不仅工作日要上班，连周末也要变成他的所有物——不仅我是他的下属，我们全家都成了他的下属。我实在受不了了，所以辞职了。”老杨说。

一起吃饭的人有叹的，也有赞的，但更多的人表示不解，说老杨矫情——跟高工资比起来，这点苦算什么。但我能理解老杨的痛苦，私人空间是个人的底线，如果工作不断地冲破你的底线，那种感觉就像要失去自我，是无形的痛苦。

四、到底什么才是分寸

由上述三个案例可见，如何处理好与上司、同事之间的关系是一门大学问。在我看来，解决方法只有一个：把握好分寸。

上司最好不要干涉下属的生活，下属也不要太过“坦白”，总是向上司汇报自己的私人计划。同事之间完全可以交朋友，但点到为止即可，别把生活也搅进去。

为什么要这样做呢？与同事交朋友不是更有利于工作吗？把同事当成亲密无间的朋友不是更好吗？不，绝不是这样。与同事交朋友往往更难，因为我们会对能成为朋友的同事有更多特殊的要求：

一要工作能力好。同事（或者上司、下属）毕竟是我们的工作伙伴，而工作需要效益，需要成就感。我们可能会选慢性子的人做朋友，选“傻白甜”女孩做女朋友，但我们绝不会选这样的人作为工作伙伴，因为这会拉低自己的工作水平。这就导致了不管我们决定与哪个同事亲近，第一标准不是性格而是能力，这样你往往就不能跟同事成为亲密无间的人。反之，对于同事来说，你也是一样的。

二要互相尊重。交朋友也需要互相尊重，但这与同事之间的尊重绝不一样。今天的同事可能成为明天的对手，所以，在尊重的过程当中，既有尊重对方人品的因素，也有尊重对方能力的成分。如果有朋友取得非常赞的成绩，你一定会真心替他感到高兴，但如果是同部门的同事取得了成就呢？或许你在替他高兴之余，内心深处恐怕也会涌起危机感吧？在这种条件下，你不能完全地敞开心扉，交朋友显然不适宜。

三要保持距离感。同事之间的关系错综复杂，你永远不知道谁是谁的后台，谁和谁是死敌。工作环境的复杂导致在其中交朋友也具有风险，为了规避风险，保持距离往往对大家都好。

此外，还有一个具有象征意义的原因：同事的出现往往代表着工作，聊天内容也往往与工作有关。如果私生活里总是环绕着一批代表工作的同事，聊来聊去还是部门、升职那点事，生活有意思吗?

所以，说到底，同事是一个特殊群体。虽然大家在一起时间长，也往往会因为一起处理一个项目而结成密不可分的团队，但要交朋友还得慎重。

随时保持距离感，做个有分寸感的工作伙伴，可能比空怀一腔热情更有利于开展工作，玩转职场。

别说你在开玩笑

语言虽然是无形的，但有时带来的伤害却比有形的伤害更重。希望下次跟朋友说话的时候，我们都可以记住这一点：别乱开玩笑。

一、阿麦的事例

阿麦是一家房产中介公司的老员工了，平时业绩好，客户好评率高。但是，最近他有了烦心事：怎么同事聚会总是不愿意叫上他呢？即使他去了，大家也都与他保持着一定的距离。如果其间聊着什么话题，他多说几句，大家就会不约而同地转移话题。这到底是怎么回事？

阿麦百思不得其解，于是跟店长诉苦。店长听完阿麦的话，点点头说："你终于意识到这个问题了，至于原因……下次同事聚会，你把大家聊天说的话和你自己的发言都录下来，回去听听你就明白了。"

阿麦听从了店长的建议，再次聚会的时候将自己和同事的聊天内容都录了下来，回到家后回放给自己听。结果，阿麦很吃惊，原来每次他说话都是这种风格："你是不是个傻子，你怎么能买那款车？""你脑子进水了吧，这种电影你都约我看！""老刘，你和你老婆什么时候离婚？既然已经过不下去了，快点离了吧！"……

第二天，店长叫来阿麦，看着他的脸红一阵白一阵，店长问："你的语言过分了是吧？你觉得不舒服了是吧？"

阿麦挠了挠头，说："其实我也没恶意，我觉得大家都是哥们才那么说的。我是真的不想让他买那款车，网上对那部电影的评价也是真差，至于老刘和他老婆……”

“我懂，你没恶意，但你的语言充满了暴力。”店长打断阿麦，说，“无论跟大家有多亲密，总有一些话不应该说，总有一些问题不应该提，这叫分寸。阿麦，你就是太没有分寸感了。”

二、小红的事例

“你太浪费了，一点都不知道人间疾苦。”这是刚上大学的小红对舍友燕子说的话。

当时燕子一愣，想解释又摇摇头，什么也没说。

小红没控制住自己，一个劲地唠叨：“咱们上大学花的都是爸妈的辛苦钱，真的不应该浪费，就算你不在乎爸妈的钱，至少要在乎农民伯伯的辛苦——你看这剩饭，需要多少人付出劳动啊……”

小红还没有唠叨完，燕子扭头就走了。

从那之后，小红和燕子的关系就不太好了。小红心里很委屈：“我说的是事实，她怎么就生气了呢？那天我看到她打了一大份菜，吃了几口就倒掉了，那就是浪费，这还不许我说！”

实际上，一切并不像小红想的那样。那天，燕子确实打了不少菜，按照平时来讲她是能吃完的，但那次吃到一半的时候，她收到消息说她外婆生病住院了，她的心情顿时很糟。在这种情况下，她当然没胃口把那一大份菜吃掉，于是顺手倒掉了。

这一幕恰好被小红看到了，直接给燕子扣了一个浪费粮食的“大帽子”，进而有了上面的那番对话，也造成了二人关系的不和。

随便做道德评价，这是不知分寸的另一种表现。如果小红这样说：“那天我看到你把饭菜都倒了，是口味不好吗？”那结果就不一样了。那样，燕子会解释说：“那天我家里出事了，心情不好吃不下……”这个心结不就解开了吗？

没有分寸的评价，往往是一把戳人的尖刀。

三、拒绝无分寸的语言

说到底，很多“无分寸”都是通过语言表现出来的。有时候，与同事、朋友等关系亲密的人交流时，交流的过程中可能就会毫无底线，以致出现语言暴力。

比如，一个女生笑话另一个女生长胖了，说：“你简直像头猪。”无论她们的关系如何好，另一方听了这话心情也不会舒服。而出口不忌的女生，却冠冕堂皇地说：“我们是好朋友，所以刚才我是在开玩笑。”

别说你是在开玩笑，这是朋友交往的重要底线。

有些玩笑可以开，但涉及语言暴力的玩笑不要开。玩笑的真谛应该是，大家在听了之后感觉愉悦，而通过对方的痛苦来取得快乐，不是真正意义上的开玩笑。

在跟朋友、同事说话的时候，希望大家都可以记住这一点：别乱开玩笑。同时，当对方毫无顾忌地开玩笑时，也要大方地告诉他：别说你在开玩笑，我不要这样的玩笑。

好友 & 坏友

现在，越来越多的成功学告诉我们，朋友多了路好走，所以，我们强行降低了关于朋友的标准。实际上，我们所交的不一定是真正的朋友。

一、什么才是好朋友

我姑父是有名的妻管严，虽然他容貌倜傥、事业有成，但回家一看到我姑姑，立即会摆出笑脸。我有些看不过去，偷偷问姑父：“你不至于吧，怕老婆怕成那样？”

姑父没有反驳，他只是给我讲了一个故事。

那还是他刚跟着别人下海做生意的时候。有一次他们到深圳去谈生意，对方是原材料供应商，给出的价格非常有吸引力，合作基本上就要谈成了，大家聚在酒店里边吃饭边敲定最后的细节。

就在这时候，对方负责谈判的人陈总接到一个电话。姑父离得很近，能够听到电话里传来一个女人的哭诉声，大约说“小宝怎么怎么了”。

陈总一改之前的亲切样，对着电话吼了几句方言后就挂断了。之后再有电话打来，陈总也一直不接，最后实在是烦了，把那个电话直接设成了“拒接来电”。

在座的几名公司高管不置一词，只当自己没看见。但当时姑父涉世不深，就好奇地问了一句怎么回事。陈总面露难色地说：“不是什么大事，我那口子说，儿子可能是阑尾炎犯了，疼得厉害。她这个人麻烦得很，孩子生病了自己打车送去医院就行了呗，用不着打电话给我啊。”

酒局散后，姑父的老板找了个借口拒签合同。

后来，姑父询问原因，老板说：“男人对自己老婆孩子的态度，是他个人品性最真实的反映。当时，大家只是在吃饭喝酒而已，陈总完全可以中途回去处理这事，大家都能体谅。但他没这么做，还表现出了不耐烦。对妻儿都这样，对外人能好到哪里去？”

“从那之后，这句话就烙在了我心里——看一个人，就要看他的态度。一个对自己老婆孩子都不负责任的人，绝不能成为一个好朋友、一个好合作伙伴。”姑父最后说道。

至此，我才明白姑父对姑姑那么好的原因了。

二、是否需要那么多朋友

如果说姑父讲的故事教会我“什么人才能做朋友”，那么，跟洁筱出差的经历让我开始思考：一个人是否需要那么多朋友。

出差第一天，洁筱的电话就没停过，她对我说的最多的一句话就是：“唉，我朋友打电话来了。唉，朋友真是太多了，接电话都接不完。”

洁筱拿起电话，常说的话就是：“对啊，我在长沙，本来说好这次我们要见一面的，但我出差太忙了不一定有时间，我尽量争取跟你碰个面……”

听洁筱接了一个又一个电话，我不由得对她肃然起敬。放下电话后，洁筱长叹一声：“朋友听说我到这里出差，想见个面。大家都是好朋友，谁的面子能不给？但咱们出差确实太忙了，为难啊！”

“对对对。”我一迭声地说。

扪心自问，在工作的二线小城里，我连可以打电话约出来的好朋友都没几个，再看看人家，光出差地就有这么多朋友，真是高人！

“朋友多了路好走。现在的年轻人啊，交际确实太单调了，你应该多交一些朋友。”洁筱正在点拨我，说到一半手机又响了，“你看，微信又来了。这是我一个老朋友，旅游局的，人脉圈特别广，将来有什么事可以找他。”

当天晚上，我和洁筱住下后就可以自由活动了。本来我以为洁筱肯定会出去约朋友，没想到她只是待在酒店里无聊地刷朋友圈。

不是有很多人约洁筱吗？难道她是累了不想出去？我正想着，这时候，洁筱跟我说：“夜景不错，咱俩出去走走吧。”

我顿时觉得有点诧异，又仔细一想：可能是洁筱照顾我的情绪，怕我一个人在酒店无聊，所以才决定陪着我吧。

第二天，我和洁筱分头去不同的会场参加当地合作公司的宣讲会议。会议结束后在回宾馆的路上，我接到洁筱的电话，说她穿高跟鞋摔倒在台阶上，脚扭了不能动，让我快点去帮她。

当我赶到的时候，洁筱一个人坐在冰冷的台阶上。“你的那些朋友呢？随便叫一个来啊，居然就带着伤一直在这儿等我！”我一着急，说话就不太好听。

当时洁筱的脸色就变了，她想说什么话但又咽了回去，然后任由我扶着她上了出租车去医院。

经医生检查，洁筱的脚伤挺严重的。后来的几天里，洁筱在医院里上石膏，每天折腾得死去活来，但没有一个朋友来看过她。只有我全程陪着她，她对我感激无比，终于吐露出一句真话：“其实，真到有需要的时候，没有一个朋友能来！”

不用她说，我已经看出来了。

洁筱虽然每天周旋在各种朋友当中，但全是些虚伪的问候，朋友们都会讲：“这么多年的老朋友了，我们肯定要见见，咱约个时间吧！”洁筱则会说：“今晚我不方便，明天再看吧。”

洁筱当然懂那些客套话，所以，每当朋友提出邀请的时候，她都以忙为理由拒绝对方。她更加知道，以这样的友情想让对方在自己生病的时候来照顾一下自己，是几乎不可能的。

三、我们需要什么样的朋友

说到底，我们需要什么样的朋友？

首先，我们需要人品好的朋友，不需要人品坏的朋友。

人品有问题，一概不交往。有时候，我们碍于面子，对一些自己不喜欢的人也虚与委蛇，甚至与其称兄道弟。其实，这完全没必要——生活这么忙，我们没时间、没精力迎合所有人，也没能力去承担交友不慎的风险。

其次，没必要交太多的朋友。

进入社会工作之后，我们就会发现，许多“请你吃饭”“咱们都是多年的老朋友了”“咱俩谁跟谁啊”“一定要聚聚”之类的话，百分之八十都是客套话，你当真的话就是你太单纯了。

人家对你表达礼貌的问候，只是为了表示没有忘记你，你也可以用这种问候与人交流，表示你已经承情就可以了，不需要真的去实践，因为实践起来都有麻烦。

在这种模式下与你交往的人，从严格意义上来讲不算真朋友，只是点头之交，或者熟悉的人而已。

但是，现在越来越多的成功学告诉我们，朋友多了路好走，所以，我们强行降低了关于朋友的标准，把这些群体都纳入到自己的朋友体系中来。同样，自己也被越来越多的人纳入到这个朋友体系中去。

所以，保持能够用心交往的朋友才是真朋友。这就是交朋友的分寸。

要朋友还是要钱，你自己选

一旦涉及钱，就会超越朋友相交的分寸，而后续会发生一系列怎样的事情我们无法预料。但无论如何，我们终归不想失去朋友。

一、借钱 or 不借钱

今年春天我准备买房子，当时，我存折上的钱都投在理财上了，一时取不出来，手头资金非常紧张。这时候，同事小陈给我出了一个主意：你不如先向同事和朋友借点钱。

小陈劝我借钱的理由有三点：

一是我人缘好，听说我买房子，愿意帮我的同事和朋友会有很多；二是我在机关单位工作，人员固定性强，不可能为了逃债而跑路；三是我有偿还能力，因为我不是没钱，而是钱在理财产品中，需要两个月之后才能兑现，有这笔钱做保证，借钱者会觉得更安全。

小陈说："我觉得你简直没有不向大家借钱的理由，借吧，我先借你一些。"

当时我感动得不要不要的，但我最终还是没有向同事和朋友借钱，而是选择了信贷，通过付利息的方式周转了一笔资金。

小陈对此非常不解，不懂我为什么愿意付高额的利息。但是，对我来讲，我宁愿付利息也不愿意向别人借钱，因为我怕失去同事和朋友。这种经验来自我一年前的经历。

当时我有个朋友，姑且称为老孙，他是某大型企业的高管，薪水很高，是我这种工薪阶层所不能想象的。但是，在南京这座城，就算你再有钱，也会因为买房一夜回到解放前。

老孙急着买房，动用了家里所有的积蓄还是不够，于是朝我借钱。当时，老孙要借的数额不大也不小，恰好我有这笔钱，我几乎没怎么犹豫就把钱借给了他：一来我觉得老孙靠谱，尤其不用怀疑他的财力；二来他的部分钱放在长期的理财产品里，只需要一个月的周转时间。

在这种情况下，我觉得没风险，就把钱都借给了老孙。

老孙承诺我说："放心吧，下个月月底我肯定还你！"

然而，到了下个月月底，钱没有到账，我不太好意思问，因为当初老孙那么自信满满，他工作又那么忙，如果我一再催问他，是不是感觉有点不礼貌?

我没催，老孙也就没回应。又过了一个月，我觉得有点着急了，于是打电话问了一下老孙。老孙非常客气地说："下个月吧，好不好？这个月我在出差，这事我媳妇也弄不了。"我还能说什么，那就索性再等一个月。

又一个月过去了，我忍不住又问了一次。这次老孙表示不好意思，说："我没买上房子，倒是家里出了点事，钱花在这件事上了。你放心，我很快就会还你，但是这个月肯定还不上了，你再等我一段时间行吧？"

这时候，我已经没别的选择了，只能等。

月月复月月，老孙的欠款时间已经达到 10 个月了。想到每次他告诉我“下个月月底，我肯定还你”，我真是哭笑不得。这时候且不说利息了，钱能否正常回来都是一个未知数，而我也确实需要用钱。

当我再次打电话给老孙，他又改了一番论调，说他爸爸做生意与人发生了经济纠纷，他把之前借来买房的钱都用在了打官司上。

这时候，我真的上火了，之前在电视剧里、文学作品中看到的狗血剧情都涌现在脑子里。我心想着：会不会上当了？但是，分析来分析去，我觉得老孙也不像是那种欠钱不还的人，他依旧在那家公司上班，生活在我们周围——也许他真的有难处。

但这时候，我确实急需用钱，只好再去找老孙。没想到他开始哭穷了，说是手头没钱，只能想办法找朋友去借，而朋友要收利息——这时候如果借钱还给我，朋友收的利息对他来说是雪上加霜。

我该怎么办？继续做好人吗？不，这时候我反而看清了这件事的本质。

我非常冷静地对老孙说：“我确实挺同情你的，也没想到事情会变成这样。但是，老孙，你向我借钱时的承诺应该兑现，后来你发生的问题不该由我来买单。”

可能是我态度强硬，老孙也不再哭穷了，但依旧不肯痛快地一次性还清，而是一小部分一小部分地还。每次，老孙还会试探性地问我：“够用了吗？”我懂他的意思，如果我拿的数目够用了，后续的钱他就想缓缓再还。

但我经受不住这种折磨，最终，我几乎是逼着老孙分几次把钱还清了。

收到最后一笔钱的时候，距离借款日已经一年了，没有利息，没有道歉，有的只是一次次的解释以及想要拖延的借口。

后来，老孙又联系我，真诚地跟我说明了当时的情况。最初向我借钱的时候，他确实准备下个月就还，但不曾想发生了太多的事情，以致借到的钱都还不上了。当时，他采取的方法就是“谁好说话，就先拖着谁的钱暂时不还”——我是最好说话的那个，就被拖了整整一年。

我想我可以原谅他，但不想再跟他做朋友，因为无法再信任他了。再后来，我听说他在原单位也待不下去了，换了工作。因此可见，通过这次借钱风波，老孙也透支了与同事之间的信任。

所以，当我需要借钱的时候，虽然我觉得自己有偿还能力，还是不敢轻易向别人开口，我担心出现意外情况导致钱还不上，我不想因为这种事失去朋友。

二、钱 or 感情

莎士比亚在《哈姆雷特》中写道："不要向别人借钱，向别人借钱将使你丢弃节俭的习惯。更不要借钱给别人，你不仅可能失去本金，也可能失去朋友。"

以前看到这句话，我觉得莎翁矫情，后来才发现，莎翁确实智慧。

也有律师朋友说："每年都要处理很多人和朋友之间的借款纠纷，少则一两万，多则几百上千万，具体情节有喜剧、有悲剧、有闹剧。很多人，不借钱，你还能和他继续做朋友，一旦借了钱就再也做不了朋友了。"

那么，为什么再好的朋友一旦涉及钱就可能变质呢？

一是，钱对人心的腐蚀性太强，甚至超过人们的想象。二是，有些人确实是迫于无奈，倒不是故意欠钱不还，只是生活逼迫他们最后只能放弃朋友。

那么，到底能不能借钱给朋友呢？

我的观点是：最好不要借钱给朋友，也不要向朋友借钱。

不过，这只是一种理想状态，人总有迫不得已的时候，好朋友开了口，你直接拒绝，朋友可能当场就做不成了。在这种情况下，我们就要多方面去考虑这个问题。

一是个人经济实力——你有足够的钱吗?

如果自己本身不太宽裕，借出的钱收不回来，将对自己的生活造成巨大的影响，那么，无论多么重要的朋友来跟你借钱，最好都不要借。因为，这样对友情和生活都是重创。这种情况下，实话实说是最好的办法。如果对方不理解，那你和他也没必要做朋友了。

二是借钱这个行为的重要性——对方值得你借钱吗?

借钱之前要自问：向你借钱的人是否重要?是不是关系特别好的朋友?是不是那种即使损失了这笔钱，你也依旧愿意跟他做朋友的人?如果是，那么就把钱借给他，还回来是意外之喜，不还回来也不悲伤。

同时，还要衡量朋友向你借钱的用途，如果是急着看病救命，那么这就应该借。如果朋友是想借钱买车显摆之类的，即使对方是自己的好朋友，也应该以规劝为主，而不要轻易借钱出去。毕竟谁的钱也不是大风刮来的，你没义务用自己的血汗钱去满足对方不必要的高消费。

三是借钱的回报率——通过借钱你想得到什么?

这个问题听起来很功利，但很现实，不可回避。前段时间，P2P 崩盘，很多人损失惨重，痛不欲生。这种例子比比皆是，想想看，网络投资平台并不安全，为什么还有人愿意投钱进去呢？我也曾是投资者中的一员，就是深知高回报所带来的高吸引力。

同样，我们借钱给朋友，有时候也希望得到回报。比如，某个朋友肯支付高额利息，或者是帮了他的忙能增进彼此的友谊，那么，这时候就可以借钱出去。

虽然借钱有风险，但收益往往能使人忽略或者接受风险。只不过，把交朋友当生意经营，这不是健康的生活方式。

说到底，借钱虽然是个人行为，但借钱给朋友却是社会关系行为。朋友之间如果想好好交往，最好止于灵魂的交流和非金钱层面的互助，这是一种最安全的分寸，一旦涉及钱就超越了这个分寸，而背后的事情我们就无法预料了。

任何一个人，终归不想失去朋友。

你的付出不能没底线

与人相交可以不计较，但不可以没分寸；可以付出，但不可以没分寸地付出。

一、你的牺牲不能没底线

晶晶总会想起那一天发生的不愉快的事情。

好朋友马莉打电话给晶晶说她生病了，因为她家离医院有一段距离，不方便过去挂号，想起晶晶就住在医院附近，于是请她去帮忙排队挂一下号。

晶晶二话不说，天一亮就跑去了医院。

但是，在那一天晶晶才算是看清了人性。晶晶和其他排队的人聊天，了解到很多排队的人并不是真正要看病的人，而是帮人排队。仔细一问，现在有这种行业：花钱雇人排队，一次 200 元就行。

过了一会儿，马莉姗姗来迟，身边还带着她们二人的闺蜜晓雪。彼时，因为天气寒冷，晶晶已经冻得嘴唇发紫，却还是强装笑颜跟她们打招呼。马莉也没道谢，倒是觉得晶晶排的位置有点靠后，担心专家号会不会没有了。

晶晶感到很委屈，但更委屈的事还在后头。

挂号的时候，晶晶站在马莉和晓雪身后，听到晓雪问了一句："你叫晶晶来干什么，花 200 元找个人排呗，瞧这大冷天把她给冻的。"马莉笑了一下，说："那不还得花 200 元嘛，找晶晶多方便，反正她好说话。"

晶晶听后，脑子一时间麻木了。

也许是那天冻着了，晶晶回家后发了很久的高烧。高烧退后，晶晶算是明白过来了，在这由她、马莉、晓雪组成的朋友群体里，大家看似平等，实则不是——无论有什么好事，马莉都想着晓雪；而无论有什么要帮的忙，第一时间找的肯定是她。

以前，晶晶觉得为朋友多付出一些总是好的，总会有人看到你的牺牲，事实是：你无底线的牺牲只会让对方觉得你廉价，从而加大对你的压榨。从那以后，晶晶决定，对待朋友她不再无限度地付出，而是要找到最正确的分寸点。

二、愿你的付出总有回报

吃亏真的就是福吗?

爸爸妈妈在陆晴入职前送给她一句话:“女儿啊,吃亏是福!你要多干活,不要怕吃亏。”

于是,陆晴自入职后就一味地付出,别人不愿做的事她总是冲在最前面,吃了许多亏却没有换来应有的尊重和待遇。如今,虽然办公室已来了新人M,但打扫卫生、打水之类的杂活还是由她来做,因为M根本不肯吃那些亏。

陆晴自觉做这些杂活的时候也没人表扬她,大家都当作是理所当然。偶尔有一天陆晴没做好,还会有人批评她:“陆晴是怎么回事?到现在都没有把快递取回来,这也太不像话了!”指责她的人当中,也包括那个新人M。

还有更令人气愤的事情。以前,项目出了问题,不管原因在不在陆晴身上都是她背锅,她也从来不解释,默默地承担。如今,部门又来了几个新人,有时候他们会因为业务不熟练而导致整个项目出错,但最后的责任还是会落到陆晴头上,大家众口一词:“就是她!”

而有了好的机会,比如公差出国之类的,陆晴从不争,领导也从不会想到她。比陆晴晚进单位的人都已经出过国了，她还是做着一成不变的杂活，守在办公室里坐冷板凳。

这个世界是怎么了？我的付出是全单位最多的，为什么得不到应有的回报？陆晴恨不得要学屈原“问天”了。

有一天，陆晴路过会议室，偶然听到领导正在讨论关于年底评优的问题。这种事情往往是按资历、工作成绩和人际关系来评定的，无论从哪一方面来讲，陆晴都合格。

但是，领导的讨论却寒了陆晴的心：“陆晴还是算了吧。”“其实，陆晴挺不错的，真的，但是……怎么感觉她缺心眼呢？”此外，领导还有另一种意见：不给陆晴评优，估计她也不会计较，她本来也不在乎。但是，那个新人M就不一样了，前段时间她强烈提出来自己应该被评优，所以还是先考虑她吧，省得她闹。

听到这里，陆晴惊呆了。她终于明白，自己无限度地付出让人以为可以无限度地欺负自己，自己所做的一切也没有给自己带来任何好处，还让领导觉得她好欺负。

陆晴想通后，最终辞职了。

陆晴离开之后，公司里的人都开始怀念陆晴在的日子了——那时候办公室窗明几净，永远有充足的热水，绿植总是被浇灌得蓬蓬勃勃。但对于陆晴来说，那么多的付出都白费了，她真傻。

三、与人相交可以不计较，但不可以没分寸

那么，与人相交，到底应该如何付出呢？

从小到大，长辈总告诫我们："吃亏是福。"因为，这句话有一个重要的内涵：别计较。

举例来说，有时候单位发福利，有人多拿了，可能你就得少拿。这时候有人会劝你："算了吧，吃亏是福。"当然，这样的亏可以吃，因为计较太多真的没必要，尤其是物质上的计较。

不过，这亏并非吃完就算了，如果每次人家都多拿你的东西，你就不能一直忍下去，一直不计较。那样只会给他们造成"你好欺负"的印象，以后你会发现：大家都会来占你的便宜。所以，与人相交可以不计较，但不可以没分寸；可以付出，但不可以无限度地付出。

所谓水满则溢，他人对我们的需求像一个空杯子，在空着的时候你倒水进去，人人都觉得你好；如果你一味地倒水进去，直到溢出来，即使你倒进去的是甘泉，也会让人觉得廉价。

这就是人性。

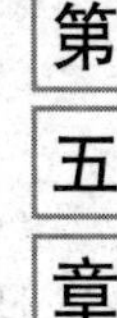

第五章 对这个世界的分寸感

生活的路很长，所以对待生活更要分寸精准，不可马虎。最好的那种分寸，就是既遥望未来也过好当下。

敬畏生活

想要敬畏生活，首先你要尊重生活，尊重每一分每一秒的体验。同时，你要赞美生活，因为生活给予了我们很多东西。

一、你尊重过生活吗？

琳琳和阿美早就对福州充满了兴趣，恰好此次她俩被公司安排去福州出差，于是准备利用这次机会顺便游览一下福州。但由于出差时间安排得紧，她们千挑万选最后敲定两个目标地：三坊七巷和空中森林步道。

忙完工作，琳琳和阿美打车奔赴三坊七巷。

彼时华灯初上，游人如织，两人随着人流晃悠悠地进了古巷。地面是青石板，老墙粉黛分明，虬藤盘处，紫花摇香，琳琳大赞一声："有味道！"

"有什么味道，跟咱们单位附近的建筑没什么不一样。"阿美喃喃地说了一句。

"啊？"

"这三坊七巷确实没什么意思，咱们单位坐落在秦淮河边，这样的老房子不也到处都是吗？天天看都看够了，没想到换个地方还是这样。"阿美一边说，一边翻白眼。

琳琳急忙解说道："地理位置不一样啊，你看这古巷是有来历的……"

"这年头，哪座老房子不说自己有来历？个个都好像充满了故事似的，就算没故事也要想办法编个故事出来。这道理你还不懂吗？"

"可是，你看这些灰雕……"

"哎呀，有什么好看的，都差不多。你要是爱看就看吧，我找个特产店，看看有没有什么特产买点回去给办公室里的人分分。"不由分说，阿美就从人群中挤了出去。

两天后，琳琳和阿美有了空闲准备去空中森林步道玩。琳琳想，既然古宅老街不合阿美的口味，那自然景观她一定喜欢吧？然而，登上步道没多久，阿美就开始叫累，琳琳说："阿美，你别光顾着叫累，你看看，现在咱们沿着步道走到森林上方去了，伸手都能摘到树顶的花呢，多棒！”

“不就是一片树林吗？还以为有多好玩呢！”阿美再一次嘟起了嘴，“这些人也不知道是怎么想的，居然建了这么一条步道，真是可笑。”

之后的路途，琳琳一个人兴奋地观景、拍照，阿美就低着头一步一蹭地走。对于阿美来说，这次旅行倒像是在受罪。回到单位后，琳琳结合出游的体会，查阅相关资料，就三坊七巷的“灰雕艺术”撰写了一篇论文。

我恰好看过那篇论文，有理有据、图文并茂，看得我当即就想去福州体验一番。论文很快就发表了，而论文带来的好评又给琳琳的工作添了一抹亮色。

至于森林空中步道的体会，虽然无法写成论文，但琳琳拍了很多美图上传到马蜂窝旅行网，立即又涨了很多粉丝。而阿美呢，有同事问她福州怎么样，她答：“也就那么回事，跟咱们这里没什么两样，不值得一去。”

同样的旅行，对于琳琳来说有满满的收获，而对于阿美来说，恐怕连记忆都没有留下多少。

这是为什么？因为阿美没有尊重生活。也许你觉得这说法有点重，实际上，不珍惜生命中每一分每一秒的体验，就是不尊重生活的表现，没有什么借口好找。

二、你乐于赞美生活吗?

有一年，我乘火车南下出差，隔壁铺位是一个小姑娘，听她妈妈叫她为小娟。她长得清秀，收拾得也蛮干净，但很快我发现她有点不对劲：小娟妈妈递给她一个水杯，她用非常柔美的声音说："啊，谢谢你，还给我准备了水杯，多好看的杯子。"

小娟妈妈尴尬地笑了，并用眼角偷偷瞥了一下周围人的反应。小娟喝了一口水，再一次用柔美的声音说："居然是热水，喝了好暖和啊。谢谢你给我准备了热水，我喝了热水就觉得好多了，非常舒服。"

这两句赞美的话让车上的人都吃了一惊，有人便开始议论："那个孩子是不是脑子不好?"

我坐在小娟的对面，也很警惕地坐直了，生怕她对我有什么不利的举动。

看到车厢里其他人的反应，小娟妈妈急忙把杯子接过来，小娟爸爸在一旁甚至羞愧地低下了头。他们的动作更进一步印证了大家的想法：小娟的脑子可能有问题。

这时候，小娟开始轻轻地唱歌，虽然有点跑调，但声音很清纯，歌词好像也都是在赞美生活。

一开始，我坐在小娟的对面，一直害怕她会做出什么惊人的举动，甚至想找列车员换铺位。但此时听着她的歌声，我渐渐平静了下来。我觉得，一个能够赞美生活的人，不可能是一个有问题的人。

同样，其他人也在小娟的歌声中心定了下来，不再对她抱有敌意。小娟的举动让我们深深地意识到：其实，跟她比起来，那些成天抱怨生活的人才是精神病患者。

三、敬畏生活，生活就会给你很多惊喜

如果你尊重生活，又能赞美生活，生活就会给你很多惊喜。

我想起了桑桑的故事，对于我来说，她始终像个传奇。

桑桑三十多岁，相貌普通，智商、学历一般。这种条件的姑娘一抓一大把，但现在她已经是一家连锁花店及饰品店的老板。当我们朝九晚五奔波的时候，她可以在自己小店的窗前喝咖啡，晒太阳。

为什么桑桑能如此成功呢？她笑眯眯地说："可能因为我特别会生活吧。"

好些年前，桑桑去了一次昆明的斗南市场，从那时起她就与花结缘，开始做起了花卉生意。其间，她也经历了几番

波折，但对自己喜欢做的事始终不离不弃，可谓是热爱生活的典范。

比如，当年桑桑发现丽江东巴文十分美妙，就立即联系厂家，在自家印花布制品上加印东巴文图案。当时，伴随着丽江旅游业的发展，桑桑的小店顿时受到广泛的关注和好评。再后来，桑桑干脆租下一间店面做起了民族风服饰，并用鲜花进行主题装饰，还推出了一些活动，比如购买衣服的客户，都免费送鲜花。

这就是桑桑的成功，可以说自成风格。

如今，网购如此发达，桑桑的门店却依旧屹立不倒，原因就是她“敬畏生活”，能够尊重每一分每一秒的体验，能够赞美每一丝的美好，擅长从生活中学习。

如果你敬畏生活，生活也会格外慷慨，给你意想不到的丰厚回报。

你的心必须保持开放

在面对新事物的时候，我们时常封闭自己的心却不自知。对于这个美好的世界来说，这是一件多么可悲的事。

一、珍珠的故事

我们该如何看待这个世界？是该着眼于旧事物，还是探索新事物？这是每个人都应当思考的问题。

几天前，我在网购时闹了个笑话。

当时，我发现一家珍珠店出售一款“巴洛克珍珠”项链。所谓巴洛克珍珠，就是长得不圆或者扭曲了的奇形怪状的珍珠，页面上如此介绍：这种珍珠价格很高，但店主精益求精，不肯用便宜的料，坚持用贵价珍珠。甚至可以说，出售成品的价格与当初购进原珠的成本差不多，机不可失，时不再来，大家快来买。

看完后，我对着网购页面哈哈大笑："这卖家骗人。珍珠我太了解了，正圆形的珍珠总是最贵的，其次是馒头珠，价格也高。但是，像这种扭曲甚至连圆形都算不上的珍珠，怎么可能卖得贵？没被磨成珍珠粉就不错了！"

这款珍珠项链被我当成笑话，不仅跟几个同事讲了，也跟我先生大谈特谈，嘲笑不已。我先生一向比较谨慎，听完我的嘲讽后，他思考了一会，说："这倒也不一定吧？现在网络这么发达，如果是明显的错误，卖家不敢写在页面上的，也许这种珍珠真的很贵呢。"

"不可能！"我当即叉起腰，摇摇头说，"我告诉你，如果这广告早一个月发出来，我还真不一定敢说这话。几天前我买了一条黑珍珠项链，购买之前特意查阅了大量关于珍珠的知识，现在也算是半个'珍珠通'。珍珠这种东西就是圆的好，这种巴洛克珠啊，就是瑕疵珍珠，骗人的！"

我的自信并未说服我先生，他还是决定上网查阅一下关于巴洛克珍珠的资料。没想到，他查出来的结果令我瞠目结舌：巴洛克珍珠属于异形珠，非常难得，价格因此也比普通的圆珠贵。

网上还举了实例：荷兰大师曾经制作的一个天鹅珍珠吊

坠，天鹅身体利用一颗不规则的较大的巴洛克珍珠构造，珍珠不规则的平面上特有的光线折射，让项坠上的天鹅惟妙惟肖，成为稀世珍宝。

看着页面上那颗美丽的珍珠和那高昂的估价，我什么话也说不出来了。回头想想当天自己草率而盲目的嘲笑，真恨不得找个地缝钻进去。但羞愧过后，我还是反思了一下：我为什么武断地认为人家是骗人的呢？

原因当然有很多，但我认为最主要的原因在于：我已经积累了一些关于珍珠的知识，就自以为是“专家”了。但是，这些知识不全面，它们蒙蔽了我的眼睛。

如果早在一个月之前我看到这个页面，肯定会动手去搜索相关资料，确认真相。可见，在面对这个复杂世界的时候，“有知识”可能比无知识更可怕。

二、野菜的故事

有一次，同学苏溪来看望我，当时恰是人间四月天，草长莺飞，我说：“你来吧，南京好吃的可多了！”

当时我口中所谓的“好吃的”，其实就是野菜。南京有句土话：“南京一大怪，不爱荤菜爱野菜。”南京人特别爱吃野菜，一到春天，家家桌上都会端上带着春意的野菜。而作为北方人的苏溪，应该都没见过这些野菜，我觉得一定可以让她大开眼界。

第一餐，饭桌上主要上了三道野菜，因为野菜不能多吃。

一是野芦蒿。这芦蒿可有来历，《红楼梦》里就曾提到过。之前我带闺蜜晴雯来家里吃饭，晴雯觉得我做的饭不好吃，亲自下厨给自己炒了一份芦蒿。我想，那么挑剔的晴雯都喜欢这道菜，岂能不好吃?

二是马兰头。马兰头是江浙一带最常见的野菜之一，当地谚语有云："荠菜马兰头，姊姊嫁在后门头。"想到周作人的散文《故乡的野菜》，再吃马兰头，岂不快哉?

三是茨菇。这食材来南京之前我听都没听过，据说是"水八仙"之一。它是小小的块根植物，吃起来自有一股带苦味的清香，虽然我不是很喜欢，但它足够少见，也可以让苏溪开开眼界。

我想得特别美好，期望值也特别高。但是，苏溪吃完之后给出的评价令我大跌眼镜。

"这个叫芦蒿？嗯，挺好吃的，有点像我们平常吃的茼蒿。"苏溪抛出第一个评价，我并不赞同，却又不好反驳。"马兰头，吃不出什么味来，像是菠菜切碎了一样。"她又给出第二个评价，我也不知道如何作答。"茨菇，这个有意思，跟土豆很像嘛，平时我就很爱吃土豆。”她给出的第三个评价倒是颇高，而我已经哭笑不得。

苏溪用非常精确的归类法，把这几种野菜全都归到她熟悉的事物中去了。虽然芦蒿的味道不像茼蒿，马兰头与菠菜的口感不同，茨菇与土豆完全不是一回事，但她把我准备的这几道惊喜菜总结为：“吃了很像茼蒿、菠菜和土豆一样的野菜。”

对此，我非常失望。我说：“你要知道，它们都是野菜啊，你为啥一定要把它们当普通蔬菜来看待呢？”

“有什么区别，不是都差不多吗？都是菜，何必分那么细呢。要我说，有得吃就行，我不管这些。”

我想，苏溪失去了一个可以认真品味南京的春天，品味名著里所写美食的好机会。

三、关于可能性的故事

柳柳有句口头禅：“放心吧，那不可能。”但她说这句话的时候完全不看场合。举个例子：我身边有个非常了不起的辣妈，身材保持得好、积极向上，关键是生娃之后坚持读博士，学术研究成果出众，简直就是人生赢家。我们都以其为榜样，并且暗地里向她学习，希望自己也变得更好。

但是，柳柳听完之后，嘴巴一撇，说道："放心吧，那不可能。"任我们怎么说，柳柳就是不相信，不仅不认同别人努力的成果，而且还向我们宣传这种论调："做人要实在，那样的事情怎么可能呢，因为我就做不到。"

再如，计算机C语言考试没有通过，柳柳这样解释道："哎呀，只要是学非计算机专业的都考不过。"有人不认同地反驳，说某人是学历史专业的，还是考过了。就算如此，柳柳的态度依旧是："放心吧，那不可能。"

柳柳对人对事往往就是这样，只要她做不到，就认为别人统统"不可能"，并且拒绝他人任何方式的劝说。有时候，看着年纪轻轻的她，我觉得非常难过：明明还有很多人生的可能性，怎么就像井底之蛙一样呢？

这种情况，就像是飞鸟告诉井底的青蛙外面的天空有多大的时候，青蛙却告诉飞鸟："这不可能，因为我没看到。"

四、故事虽然是故事，但都是道理

可能你已经明白为什么我要讲上述三个故事了，实际上，它们代表了三种不能以开放的心态去看待世界的现象。

第一种，因为有一定的知识而自满、自负，自以为可以凭现有的知识理解世界。

第二种，不愿接受新事物，总会将新事物自我归纳到现有的认知体系里。

第三种，直接拒绝接受自我以外的世界。

把这三种心态归纳到一块，你是不是觉得很可笑？实际上，生活中我们经常会犯这样的错误，只是程度没这么深，不容易被发现而已。

比如，身边的朋友给你讲什么奇闻轶事的时候，你可能喜欢这样说："哦，这样的事我也听说过，我跟你讲……"然后，哇啦哇啦讲一堆，以致忽略了接受新见闻的可能性。

再如，朋友向你推荐某部电影的时候，你可能会这样说："又是战争片吧？我不喜欢看战争片，这种类型的电影我都不想看。"那样，你可能就失去了一个观赏一部好电影的机会。

又如，有亲戚给你介绍对象，你可能会这样说："啊，我不想去相亲。我有个朋友就是通过相亲结婚的，结果可惨了。"那样，你可能就会与一个能跟你相偕到老的人失之交臂。

所以，在面对新事物的时候，我们时常不能有分寸地打开视野，反而一味地封闭自己的心，浑然不自知。对于这个美好的世界来说，这是一件多么可悲的事。

有时又有节，才算好生活

生活要有时，以此为岁月的参照，以此为新的起点，再朝着未来的日子奔去。生活要有节，不是让我们克制自己，而是将我们的行为约束在一定的范围内。

一、生活要有“时”

端午节过后，家中水暖出了问题，约了一位水暖师傅上门维修。大热天的，水暖师傅忙活了一上午，好不容易解决了问题，又不辞辛苦地帮我把修理水暖后余下的垃圾清理干净。

四体不勤的我感动得快要哭了，一直向师傅道谢，那师傅非常大度地摆摆手，说：“可不是谁家我都帮着收拾的，我帮你收拾，是看见你家门上挂的艾蒿了。”

艾蒿？没错，一到端午节，我们必在门上悬挂艾蒿和桃枝，但这跟水暖师傅帮我有什么关系呢？

水暖师傅一边收拾自己的工具袋，一边说："端午节就是要挂艾蒿、吃粽了，这是传统也是节气。但是，现在的年轻人有几个这么做的？我看你家也没有老人，估计就是小夫妻两人住，但你们居然弄得像模像样的，一看就是会过日子的人，我一看到这样的年轻人就喜欢！"

没想到是门上挂的艾蒿让我得到了水暖师傅的赞赏，送走他后，我思考了很久：到底是什么力量驱使我们挂起了艾蒿？我想，这种力量应该叫"时节"。

时节时节，到了一定的时候就要过一个节。自古民生多艰，人们每天为了衣食忙活，遇到不太平的年景更是愁吃穿，这时候人们总要给自己找点盼头，生活才能支撑下去，所以就发明了"时节"。

于是，每过一段时间人们就得过个节，在这个节日里，总要吃些平时吃不到的好东西，弄点平时不会去弄的小仪式，那就真像过节了。

早些年，我们笑话爸妈沉迷于繁文缛节，想象着有一天如果自己当家作主了，这些麻烦事件件都不要做。但是，当我们真的可以自己做主了却发现：不尊重节气，生活的幸福感就会降低。

这是为什么？因为生活得有“时”。

三大节（端午，中秋，春节）恰好将一个年头分成三部分，当生活过得没滋没味失去岁月的参照时，就会有一个节日等在那里。它提醒你要用心地生活，以此为新的起点，再朝着未来的日子奔去。

没有节，就像汽车没有加油站，失去了充足的动力。

过着有时有节的日子，生活才有意思。

二、对自己的行为要有“节”

节，不仅指节气，还指节制。

近年来，“一日游”旅游项目非常火爆，很多中年老人尤其喜欢。坐上大巴车，在导游半推销、半鼓动的解说中，披着晨光朝着一个又一个热门景点而去，到了晚上再带着一身的疲惫和旅游纪念品回来。

方穹特地参加了一日游，想体会一下到底是不是想象中的那样。结果，这一天游玩下来不仅累，且玩得不深入，才二十多岁的他快要晕过去了，不禁叹息道:“这是旅游吗？”

“这怎么不是旅游了？”旁边几个阿姨说，“我们玩得多开心啊！”

“阿姨，这不是真正的旅游，旅游应该是与自然的交流。”方穹一着急，文艺腔就出来了，“阿姨，今天你们一直都在景区拍照，拍完大门拍雕塑，然后就是购物，你们跟这些景物有交流吗？”

“小伙子，如果像你说的那样，又要这样那样的交流，那一天下来我根本不可能看完那么多景点，能看两三个就了不得了。”

“可是，阿姨，你没必要看那么多，认真看两三个景点也很好。”

阿姨笑了，说了一句令方穹非常难忘的话：“小伙子，那是你们年轻人的想法，我们啊，时间没有那么多了，在有限的时间里能多看看就多看看。”

方穹一下子就愣住了，在这句话里他读出了一点辛酸、一点满足以及一个道理：世界很大，但对于老年人来说，能看的地方不多了。

几年前，有句话特别火：“世界那么大，我想去看看。”这话一度引起年轻人的共鸣，不知有多少人因此而辞职，走在“去看看”的路上，结果不得而知。

时过境迁，回过头来想想：世界那么大，我们真的都得去看看吗？

不一定。像方穹所遇到的阿姨，她操劳了一辈子，趁着腿脚灵活就想多看看祖国的大好河山。所以，她宁可牺牲细细品味的体验，也要把心中向往的那些地方一一走到。

即使这样，阿姨也有节制，古都要看几个，大城市要去走走，好的自然景观不可不看。至于其他像青海、西藏等地方，阿姨说："算了吧，不适合我。"

这就是生活的"节"。

节，不是让我们克制自己，而是将我们的行为约束在一定的范围内。欲望总是无限的，如果不能在行动之前知道自己想要什么，那么，最后行动会变得不可控。所以，方穹通过"一日游"得到最大的体会就是：行为要有"节"。

世界那么大，不一定都得去看看，挑自己想看的好好去看即可。

好东西那么多，不一定都要得到，挑自己真正喜欢的努力去争取即可。

生活方式那么丰富，不一定都得感受到，挑自己最适合的去认真生活，就是真正的智者。

生活需要分寸感

生活的路很长，所以对待生活更要分寸精准，不可马虎。最好的那种分寸，就是既遥望未来也过好当下。

一、你用于等待的漫长，是别人充实而幸福的时光

小枫和小雪刚刚高考完，目前最重要的事情就是等待公布分数，但这样的等待显得有些煎熬。

小枫天天在家数日子，魂不守舍。虽然她偶尔也出去玩，但张口闭口总是在讨论高考题，直到其他同学叫停，她才能够停止。但是，嘴巴停止了，脑子不会停止，她总是想来想去："客观题的答案准不准？主观题给分会不会松？"

对于小枫来说，等待的日子，每一天都非常难熬。

一开始，小雪也非常希望知道分数，但后来一想：干等着着急并不能让分数提高，为什么不利用等待的时间做点其他想做的事呢？

小雪非常喜欢拉丁舞，以前学习任务重没时间学，这次就决定要实现愿望，于是，她高高兴兴地去报了名。然后，她还去海边走了走，她说以前没时间去看海，现在有空了，可得好好看看。

分数出来了，小枫和小雪都考得很不错，皆大欢喜。但是，两个人的状态却大不一样：可能因为待在家里不活动，思想负担重，小枫整个人精神不振，面色不好。而小雪呢，因为天天跳舞、散步，加上拉丁舞已经跳得有模有样，气质提升了一大截。

如果再给一次机会，小枫会不会把时间好好利用起来呢？

二、你所期待的大未来，并不妨碍享受当下的小确幸

清明小长假前，我给自己安排了一次重要的旅行。自行程敲定之后，我就沉浸在期待中无心做任何事，生活好像除了旅行再无他物。

同事约我出去逛街，我摇头说："不行，我马上要出去旅行了，待会还要查攻略呢。"

先生叫我出去散步，我也拒绝了："哪有心情，我要试衣服准备去旅行呢。"

晚上本应是读书写作的时间，我也静不下心来，一心想着即将到达的旅行地，一心等着旅行带来的各种惊喜。

旅行如期而至，然后在玩乐中结束。当我从旅行的幸福中回过头时，想来也不过尔尔。这时候，我再回想起旅行前的那几天，突然有些后悔：好像为了这次旅行，我错过了很多事情。

比如，那段时间恰好是南京花开得最盛的时候，我却没有跟同事去看；家门口的公园刚刚整修完毕，我却没有牵着先生的手出去走走；我原本计划读一本哲学著作，但现在那本书还丢在书桌上，我连四分之一都没有翻完。

如果重来一次，我想我不会那么傻，把所有的时间和精力都投入到未来的一个小目标上。相反，我会沉下心来，好好享受眼下的幸福生活。

与我有同样想法的人不在少数，但迷途知返的不多。

凌冰是一名全职专栏作家，平时我们经常在网上交流。她说，自从女儿上学之后，每天她最期待的就是女儿放学回家的时光。所以，只要女儿一上学，她就沉浸在一种迫切等待的状态里——做什么事都心不在焉。

收拾屋子，心在女儿那里；买东西，心在女儿那里；打开电脑写文案，心还是在女儿那里；偶尔出去逛街，精品店里的衣服再漂亮，心还是在女儿那里。思来想去，满脑子就只有一件事：妞妞，快点回家啊。

有那么一段时间，女儿到奶奶家去了。凌冰一时间没盼头了，突然心沉了下来，这才发现，原来自己的生活还有很多美好的事情：早晨起来喝牛奶，发现牛奶很香；收拾房间的时候，发现阳光照着花窗帘，色彩明丽耀眼；夏意已浓，出去走走，一架蔷薇开得正好；泡一杯茶写作，清风袭来，简直是人间最美的时光。

日常生活如此美好，而每天凌冰都在盼着女儿回家把一切都忽略了。不过，好在“实迷途其未远，觉今是而昨非”，接女儿回家之后，凌冰改掉了以往的生活习惯，也摆正了自己的心态。

她说：“妞妞回家固然是一件值得盼望的事情，但在妞妞没回家之前，我不能把所有的时光和心情都用来等待。我要去欣赏一朵花，做好一件事，放松自己的身心，感受生活的美好。”

三、生活很长，分寸要准

生活很长，如果我们不能有分寸地把握它，它可能会留给我们一片荒凉。

我想起小时候读过的一则故事。

乾隆微服下江南时经过一片瓜田，正好口渴了，便掏钱向种瓜老人买了一个西瓜。

乾隆吃瓜很奇怪，把瓜剖成两半，用勺子从瓜的外沿向中心挖着吃。种瓜老人诧异地问："这位客官，你怎么这样吃瓜？世人吃瓜，都是从中心朝外吃的。"

乾隆笑道："世人那种吃法，每一口固然甜美，滋味好，但越吃味道越淡，到最后一口下肚时滋味全无，回味一点都不甜美。而我这种吃法，越吃越甜，尤其最后一口最甜，咽下肚子之后回味无穷啊！"

这么一听，是不是很有道理？

但是，种瓜老人哈哈大笑，说："客官你错了。世人那种吃法，最后一口固然不甜，但他们每吃一口都是这瓜里最甜的一口，所以分外珍惜，每一口都会好好品味。像客官你呢，每一口都是这瓜里最不甜的一口，所以急不可耐地想吃下一口，就不珍惜嘴里这一口了。这样把瓜吃完，你真正细细品味的只有那最后一口了，岂不可惜！”

乾隆听后，愣住了。

小时候，看到这里的我也愣住了。

这真是一种人生的大智慧啊，直到现在我才真正想明白这说的是人生，其实就是一种生活的分寸，既能够遥望美好的未来，也能够踏实过好当下——遇到甜美的时候好好享受，同时也不能忽略眼前的平淡。

未来，我们应该有分寸地活下去。

事缓则圆

在快节奏的生活里，总有那么一些事该缓就要缓。一缓，便有可能圆。

一、拖一拖，也是个办法

初入职场的我曾经遇到过一件奇葩事。

当时，部门主管交给我一项工作，我觉得自己做不好这件事，就去找主管商量着换人。

我性子比较直，当即在例会上跟主管讲道理，说明不能做的理由，搞得主管下不来台，拂袖而去。

公司副总见证了事件的全过程，他看着面红耳赤的我，笑着说："你还年轻，其实刚才你应该答应下来。"

"答应下来？可是我根本办不到啊！"

"不，你先答应下来，然后可以拖着不做。也许他会发现这个工作任务有问题，从而不再让你做。还有一种可能，刚才他只是心血来潮，过几天没准就忘了。反正，拖一拖你会发现这事就没了，你不用争辩，主管也有面子，多好。"

当时，我觉得这位副总简直在说"天方夜谭"。

后来，这位好领导调走了，我在单位里一年一年地混下去，这才发现"拖一拖"真是一种人生智慧。

有些事，如果觉得特别困难，不妨拖一拖，因为时间往往会纠正错误，弥补缺陷。这话听起来不太积极，但也是一句金玉良言：遇到问题先不要急，拖一拖可能会有转机。

但是，这种“拖”针对的是特别困难的事情。拖一拖，也许机缘巧合有人帮你做了，也许领导突然改变主意了，也许客观环境出现变化不用再做了，也许突然找到解决办法了。总之，种种可能性都有。

而且，“拖”还有另一种表现形式。

有一次，公司准备签约一项海外业务，主管准备派我去学习英文，好让我在外宾到来时负责讲解公司的发展史。

当接到这个任务时我都懵了，一来这不是我的业务范围；二来我自认为英语表达能力达不到领导的要求，口语还可以，听力却差得很。当时，我差点在会上站起来说“我不行”，但想到“拖一拖”的原则，我微笑着默认了。

接下来的日子里，我开始突击学习英语。以前，刷剧、看小说、逛街的时间，现在都用来学习，我的英语水平果然突飞猛进。然而，当我做足准备有了满满的信心时，单位招进新人，其中有一个英语专业的人才，翻译工作自然也就由新人担任了。

但是，回顾两个月的突击学习，我觉得自己无比地充实和幸福：一来我没在领导面前露怯，当场表示反对；二来我给了自己一个学习和进步的机会，在此期间还接了《伊索寓言》的翻译工作，不得不说是因“任务”得福。

拖一拖，留出时间，自我成长的空间会更多。

二、杞人易早死

生活中，我们经常会遇到杞人忧天的问题：有一件难事可能在前方等着我们，而我们无能为力，吃也吃不下，睡也睡不香。可是，今天你发愁，就能让明天的困难不到来吗?

我有个同学叫丰悦，她曾见过姐姐难产时的苦状，所以这辈子最怕的就是生孩子。自上大学开始，一提到生育问题，她立即脸皱得像核桃一样，说："苦死了苦死了，生孩子真是要命，太可怕了。"

生孩子的确不易，丰悦对这件事也并不是口头上说的那种害怕，而是真心愁。每次提到这个话题，她都会忘记目前经历的一切快乐，沉浸在对生育这件事的恐惧当中，有时候想得太多导致失眠，次日起床急性咽炎还会发作。

在这种情况下，丰悦害怕谈恋爱。大三那年，一个体育系男生疯狂地追她，她也确实动心，但两人谈着谈着就分手了。后来我们了解到，丰悦经常在那个男生面前说："天啊，恋爱就要结婚，结婚就要生孩子，生孩子真是世上最苦的事情！"这样，对方都不知道该怎么接话了。

后来，丰悦谈的几个对象也都是这样，被她莫名的"愁苦”所击败。再后来，好不容易找到一个合适的人，就走进了婚姻的殿堂。

我们都去参加了她的婚礼，在宾客面前她说说笑笑蛮开心，但只剩几个好朋友在一起时，她就皱紧眉头，说：“婆婆催着生孩子，真是愁死了……”

我简直无法想象丰悦的婚后生活，难道她要永远笼罩在生孩子的阴影中吗?

后来，我在朋友圈看到丰悦发了一个可爱宝宝的照片，照片下面，字里行间都是对宝宝无限的爱，之前的“恐生”理论终于不见了。我给她发微信，调侃地问道：“怎么，不怕生孩子了？”

“我跟你说啊，生孩子真的好疼，但没有我想的那么可怕。哈哈，以前的火都白上了！”丰悦的话，道出了以前所有“杞人”的心路历程。

我们经常会遇到这样的问题，一旦知道前方有困难总是郁闷不已。实际上，这种郁闷并不能真正地解决即将到来的问题，反倒会破坏身体健康——等到柳暗花明之后，你会发现自己白愁了。

三、慢一点，不一定是消极

有句话叫作“事缓则圆”，是指碰到事情不要着急，而要慢慢地设法应付，那样就可以得到圆满的解决。这话乍一听有些消极，实际上却是人生的大智慧。

现在的生活节奏快，几乎人人都在宣扬要跑起来。殊不知，有些事情真的不能着急，不能预支。

不能着急的是“怪事”。有些困难的“怪事”，我们不要在一开始的时候就想办法去解决，先冷静冷静。因为，腾出余地，解决起来更容易。

不能预支的是忧愁。有忧患意识是好的，但如果事事都放在心里，尤其想一些可能出现的长远问题，都是自寻烦恼。

人生中总有一些事该缓就要缓，一缓，便有可能圆。

愿你从最好的一步开始发力

在人生的长跑中，从哪一步开始发力，往往比怎么发力更重要。

一、小唐的故事

小唐是中文系本科毕业生，长得漂亮，喜欢文学艺术，满心都是梦想。毕业之时，曾有同学相约一起考研，小唐坚定地摇头道："不，我恨不得马上就走上艺术之路。"

敢闯敢拼的小唐只身来到北京，开始了"时而天堂，时而地狱"的北漂生活。

北京确实是个好地方，有才华的人在这里，实现梦想的机会在这里，但生活最残酷的一面也在这里。

小唐和几个志同道合的朋友成立了一个工作室，地址在地下室，他们的资金只够租这样的地方。不过，大家都是年轻人，都充满了干劲，确定分工后，他们就各自开始自己的工作了。

先是找剧本。几个人本想凑在一起写一部剧本，但磨合再三，发现写剧本比想象中难。既然这样，干脆不要浪费时间了，还是买剧本吧。但是，现在这年头想买剧本容易，买到好剧本却很难——价高。工作室刚开张，哪有那么多钱投在剧本上，思来想去他们决定：征集。

这是一种非常理想化的状态。每个人都去找身边认识的作家、写手或者业余爱好者，希望能给他们免费写一部剧本。

这部剧本需要高质量（有新意，吸引人），符合他们的要求（文艺片），适应工作室的条件（低成本，易拍摄），但没有任何报酬。他们说："希望大家支持梦想，给艺术一个真正的机会。"

写到这里，我感觉有点好笑，因为我正是在征集活动的过程中认识这个团队的。当时他们找到我，严苛地给我提了很多要求，最后说没有报酬只有署名。至于什么时候拍出来，他们的答复是："相信我们，会很快的。"

对不起，我拒绝了。

据我所知，后来这个工作室遇到的全是像我这样的俗人，没人愿意为他们的理想买单，所以，他们也就没有找到合适的剧本。

小唐非常痛苦，她觉得这个世界一点也不友好，怎么就不能对他们这些做艺术的人更宽容一些呢？

年轻人的思想就是活络，后来他们买了一部小说的版权，然后自己改成剧本，这样成本显然要低很多。

成功的第一步迈出去了，接下来就是拍摄，但最重要的问题由此出现了：谁来投资？虽然现在院线电影的投资都非常可观，但非名导、非名公司、非名演员且不上院线的片子，想要拉到投资非常困难。所以，小唐他们面临着比找剧本更难的一个环节。

一开始，小唐是劲头最旺的那个，却也是最后受伤最惨的那个。她没想到做艺术是这个样子，没有认可和赞许，甚至没有一个人肯停下来说一句："哇，你们是做艺术的，好厉害啊！"

拉投资的过程就是求人，请客喝酒；然后再求人，再请客喝酒……

曾有一位老艺术家说要投资这部片子，但要求改剧本。当老艺术家把剧本圈得密密麻麻之后，小唐发现整个剧本已经不再是文艺片，而是对这个壮志未酬的老艺术家的歌功颂德。

曾有一名无纺布老板说要投资他们的片子，但要求植入他的产品广告。由于他的产品是无纺布，所以每次演员出镜都得敷面膜，造成了极大的不便和成本的增加。老板觉得没有投资的意义，最后也就不了了之了。

曾有一名饭店老板说要投资他们的片子，说喝一壶白酒投资一万块。两眼放光的几个年轻人都拼了，一个个喝得东倒西歪，但第二天人家不认账了。再去人家那里说投资的事，直接被赶了出来。

曾有一位商人（来历不明）要投资他们的片子，说对他们的工作态度高度认可。他尤其赞赏小唐，说她是他遇到的最适合做艺术的学生，并邀请她到家里做客。直到对方的手摸上她的大腿，小唐才发现，人家看中的根本就不是她的创意。

……

再后来，小唐已经麻木了。反正人家就是要利益，没什么例外。

春节的时候，老天终于对工作室展开了笑脸，真的有人肯投资他们的片子了。而且，依照以往的经验来看，这一次非常可靠，在多次论证过方案之后，对方点了头，就差签约了。

对工作室来说，这已经是天大的好消息了！当天晚上，大家去三里屯喝了一顿，虽然心疼那里的酒价，但都觉得值——对得起这么长时间的辛苦。

但是，意外和明天同时到达。第二天上午，对方回应："不好意思，老板决定投资另外一个团队。对方是北大毕业生和北影毕业生组成的团队，虽然剧本没有你们的好，但是他们有潜力。"

"你凭什么觉得我们没有潜力！"工作室负责人大吼，但对方已经挂断了电话。

希望后的绝望，往往比一直绝望更令人痛苦。经过这次打击之后，工作室终于散了。有人说要回家结婚，有人说父母身体不好需要照顾，还有人干脆重新去找工作。

小唐也决定离开了，但她想不通：为什么世界会是这样的？

二、君君的故事

我还认识一个叫君君的姑娘，普通本科毕业，也喜欢文学艺术。当初，同学小卢拉着她去北漂，她辗转反侧很久，终于下定决心放弃了。她说："我这个水平，去北漂就是个'分母'。"

小卢嘲笑她没有拼劲："你连试试都不敢，怎么能成功呢？"

君君咬着牙没吱声，其实，她不是不想拼，只是觉得就这样去拼不明智。在她看来，赤手空拳去跟人家比拼，就好像武侠小说里初下山的小道士非要上武林大会，注定会输。如果先不上擂台，去修炼几年，说不定就有成功的可能。

君君不想成为被打残的小道士，于是，她选择了考研。

因为准备进军艺术行业，所以她选择了戏剧影视文学方向的研究生。从选定目标的那天开始，她就用另一种方式拼了，她的拼法叫作"积累"。

考研期间的种种艰难自不必细说，且说考研之后君君发现，平台完全不一样：好多同学都是业内的优秀人士，有些展览、演出都可以凭"我是某某的学生"而得以参加。在校期间也可以参与很多课题，还没毕业就已经有工作室、影视公司伸出橄榄枝了。

君君惊喜不已，发现艺术之路如此易走，便第一时间把自己的收获告诉了当初劝自己北漂的小卢。其间，小卢正在北京租住着一间没有洗澡间的小屋子，接到君君的电话之后，第一反应是：“你们学校的洗澡卡能借我用用吗？以后我上你们学校洗澡去。”

借了几次洗澡卡，小卢了解了君君这几年的状况后，就开始怨气冲天，觉得君君实在命好，而自己的艺术之路走得太过艰辛。

出于好心，君君把一些资源介绍给小卢。小卢开始联系的时候还好，到最后签约时对方就没有音讯了。显然，给出资源的一方看重的是君君的学历以及导师，换人之后，对方就不买账了。

再后来的故事大家就能猜到了。君君和一些志同道合的朋友成立了工作室，大家都来自名校，不缺资源——好剧本，自己就可以写；好演员，同学间随便找；好导演，自己的导师可以介绍。

君君的生活朝着理想的方向一步步地走了下去，并在不经意中抢了小唐的生意。

你说公平吗？但是，世界上哪有那么多的公平在等着你。

三、故事就是生活

故事就是生活，它的真谛是：你从哪一步开始发力。

小唐选择了从本科毕业就开始发力，那时候她马力不足，所以步步维艰。君君选择了学习一段时间再发力，等到发力的时候，她的能力和人脉已经成熟，所以一举成功。

人生的拼搏期就那么几十年，所以从哪一步开始发力，往往比怎么发力更重要。这是我们对自我能力的一种精确把握，是一种无法言传却可以深深体会的分寸感。

这个分寸错不得，就是从哪一步发力的问题。

有时候你发力早，并不一定会成功；有时候你发力晚，却是一种成功的预兆。这个关键就在于，你想要做的事情和你的能力、你的经验、你的人脉是否匹配。如果不匹配，是否能够采取适当的方法进行弥补。

只要把握好了这一点，也许成功就会在你不经意间来到你面前。而你，只会觉得一切都水到渠成。

你的生活需要分寸感。